Rで学ぶ
データ・プログラミング入門

RStudioを活用する

石田基広 著

共立出版

はじめに

　データ分析への関心が高まっています．背景には，さまざまな分野でデータの電子化と公開が進んでいることや，高性能のパソコンや解析環境が入手しやすくなったことがあります．企業や団体，あるいは個人は，さまざまな場面で決断を求められます．後悔のない決断をするためには情報が欠かせませんが，情報はまさにデータから得られるものです．さまざまな情報を取得するためのソースとなるデータが日々蓄積されています．たとえばインターネット上のサイトのアクセス数や，ブログで特定の店が言及された回数などがわかれば，そのときの流行をうかがい知ることが可能です．

　本書は，データ分析（データマイニング）のためのプログラミング技法を解説した入門書です．データ分析とは，簡単にいえば統計解析のことです．読者の中には，表計算ソフトであるExcelのアドイン機能を使ってt検定（平均値を比較する統計的手法）を行った経験がある方もいるでしょう．最近のデータ分析では方法が多様化しています．またデータとその分析結果をわかりやすく表現するためのグラフィックス技法も多数提案されています．これによりデータ分析の応用範囲が広がり，従来は統計解析の対象とされていなかったようなデータにも，これらの手法が適用され，新規な知見が得られるようになっています．

　こうした新しい手法を実行するには，Excelの機能は十分ではありません．また複雑なデータを分析する場合，データのスクリーニング，すなわちデータの整形が必要となりますが，これもExcelでは非常に手間がかかるでしょう．そこで注目されているのがRというフリーの解析ソフトウェアです．Rは多種多様な分析手法とグラフィックス作成手法を自由に使うことのできる解析環境です．また利用可能な手法も日々増えています．このため，世界中

はじめに

の研究機関や企業で急速に導入が進んでいます．

　ちなみに，Rは統計解析**環境**といわれます．それはRでは，既存の機能をベースに，ユーザーの側で自由に拡張機能を追加できることが意図されています．Rはデータ解析の幅を広げるためのベースあるいは環境なわけです．実は，Rはプログラミング言語として設計されており，この言語で命令を書くことにより，Rを自由にカスタマイズできるようになるのです．

　人間の言葉に日本語や英語など，さまざまな言語があるように，プログラミング言語もさまざまです．いくつか例をあげるとVBAやC, C++, Java, Python, Ruby, Perl, PHPなどがあります．プログラミング言語には文法と語彙があり，これは言語ごとに覚える必要があります．

　ところでプログラミング言語は難しいのでしょうか？　筆者はそうは思いません．むしろプログラミング言語は，人間の言葉に比べると文法や語彙が非常に単純です．例外もありません．またプログラミング言語の構造はどれも似通っており，一つの言語に精通すれば，他の言語の習得はきわめて容易になります．

　プログラミング言語を学ぶには，その環境も重要です．使いやすい環境で学んだ方が効率がよいに決まっています．そこで本書ではRStudioという統合開発環境 (IDE) を利用します．RStudioは，ユーザーのパソコンにインストールされているRを拡張するソフトウェアです．RStudioを利用すると，データの読み込みやプロットの保存がマウスで直感的に操作できるようになります．

　なお本書に掲載されたコードおよびデータは，http://www.kyoritsu-pub.co.jp/bookdetail/9784320110298 からダウンロードすることができます．さらに本書の付録A.2の手順にしたがってGihubからレポジトリ (https://github.com/ishida-m/FirstProject01.git) を取得することも可能です．できれば後者に挑戦してみて下さい．

　本書でR言語を習得し，さらに高度なデータ解析やプログラミングへステップアップされることを筆者は期待しています．

2012年8月　　　　　　　　　　　　　　　　　　　　　　　　　石田基広

目 次

第 1 章　R の基礎　　1
1.1　R のインストールと設定 ················· 1
　　1.1.1　作業スペース ················· 3
1.2　RStudio のインストール ················· 7
　　1.2.1　RStudio のメニュー項目と機能概略 ········· 8
　　1.2.2　プロジェクトの作成 ················· 9
1.3　パッケージのインストール ················· 14

第 2 章　R 言語とデータ構造　　18
2.1　はじめに ····························· 18
　　2.1.1　四則演算 ························· 19
　　2.1.2　変数あるいはオブジェクト ············· 21
2.2　添字 ································· 28
2.3　関数について ························· 30
2.4　ヘルプの参照 ························· 32
2.5　関数の応用 ··························· 34
2.6　データ型とデータ構造 ················· 37
　　2.6.1　データ型 ························· 38
　　2.6.2　データ構造 ······················· 42

第 3 章　R でのプログラミング　　51
3.1　条件文 ······························· 51
　　3.1.1　繰り返し ························· 55
　　3.1.2　応用 ····························· 58

3.2	関数の作成	61
3.3	応用	64
	3.3.1 エラー対策	66
3.4	ベクトル演算	68
3.5	オブジェクト指向	72
	3.5.1 S3 クラス	74
	3.5.2 S4 クラス	75
3.6	R言語で遊ぶ	78
	3.6.1 九九表の作成	79
	3.6.2 連番の作成	84
	3.6.3 組み合わせの作成	85
3.7	文字処理	87
3.8	日本語処理	100

第4章 グラフィックスの基礎／グラフィックスで遊ぶ　106

4.1	はじめに	106
4.2	plot() 関数	106
4.3	**manipulate** パッケージ	111
4.4	高水準グラフィックス関数	113
4.5	散布図	114
	4.5.1 拡張パッケージによるプロット	119
	4.5.2 棒グラフ	122
	4.5.3 ヒストグラム	128
	4.5.4 箱ヒゲ図	131
4.6	プロット記号やカラーの指定	135
4.7	プロットの保存	138
	4.7.1 R本体でのプロット保存	140
	4.7.2 関数でプロットを保存する	140
	4.7.3 日本語について	142

第5章 データ解析の基礎　　　　　　　　　　　　　　　　**143**

- 5.1 統計解析とは何か ･････････････････････････････ 143
- 5.2 データの種類 ･･･････････････････････････････ 145
  - 5.2.1 測れるデータと測れないデータ ････････････････ 146
- 5.3 データの要約 ･･･････････････････････････････ 148
  - 5.3.1 棒グラフ ････････････････････････････････ 148
  - 5.3.2 ヒストグラム ･･････････････････････････････ 149
  - 5.3.3 中央値，平均値，最頻値 ････････････････････ 150
  - 5.3.4 分散 ･･･････････････････････････････････ 152
- 5.4 データの分布 ･･･････････････････････････････ 157
- 5.5 確率分布とは ･･･････････････････････････････ 161
  - 5.5.1 Rによるシミュレーション ････････････････････ 161
  - 5.5.2 二項分布 ････････････････････････････････ 165
- 5.6 確率とデータの関係 ･････････････････････････ 167
- 5.7 確率密度について ･･･････････････････････････ 169
  - 5.7.1 離散値と連続量の区別 ･････････････････････ 169
  - 5.7.2 正規分布 ････････････････････････････････ 171
- 5.8 平均値の推定 ･･･････････････････････････････ 174
  - 5.8.1 平均値の性質 ･･･････････････････････････ 176
  - 5.8.2 標準正規分布について ･････････････････････ 178
  - 5.8.3 母集団の標準偏差が未知の場合 ････････････ 180
  - 5.8.4 比率の区間推定 ･････････････････････････ 183

第6章 仮説検定　　　　　　　　　　　　　　　　　　　　　　**184**

- 6.1 平均値の検定 ･･･････････････････････････････ 186
  - 6.1.1 1標本の平均値の検定 ･････････････････････ 187
  - 6.1.2 2標本の平均値の検定 ･････････････････････ 189
  - 6.1.3 2標本の平均値の検定：片側検定 ････････････ 191
  - 6.1.4 2標本の平均値の検定：対応がある場合 ･･･････ 193
- 6.2 質的データ ････････････････････････････････ 199
  - 6.2.1 独立性の検定 ･･･････････････････････････ 201

　　　　6.2.2　対応のある独立性の検定 ･････････････････････････ 209

第7章　応用的解析　　　　　　　　　　　　　　　　　　　　211
　7.1　三つ以上の平均値の比較：分散分析 ･････････････････････ 211
　　　　7.1.1　多重比較 ･････････････････････････････････････ 215
　　　　7.1.2　交互作用 ･････････････････････････････････････ 217
　7.2　回帰分析 ･･ 219
　　　　7.2.1　予測 ･･ 226

第8章　高度な解析手法　　　　　　　　　　　　　　　　　　　228
　8.1　多変量データを扱う ･･････････････････････････････････ 228
　　　　8.1.1　重回帰分析 ･･･････････････････････････････････ 228
　　　　8.1.2　主成分分析 ･･･････････････････････････････････ 235
　　　　8.1.3　因子分析 ･････････････････････････････････････ 243
　　　　8.1.4　対応分析 ･････････････････････････････････････ 250
　　　　8.1.5　クラスター分析 ･･･････････････････････････････ 255

付録　　　　　　　　　　　　　　　　　　　　　　　　　　　　260
　A.1　Rstudio によるレポート作成 ･･････････････････････････ 260
　A.2　Git によるプロジェクト管理 ･･････････････････････････ 264

索　引　　　　　　　　　　　　　　　　　　　　　　　　　　　272

第1章

Rの基礎

本章では，Rのインストールについて説明し，続けてRStudioのインストールについて解説します．またRStudioを実際に操作してみます．

1.1 Rのインストールと設定

まずはRをダウンロードします．Rに関する情報はThe R Project for Statistical Computing (http://www.r-project.org/) にあります．ここからR本体や関連するマニュアルなどをダウンロードすることができます．

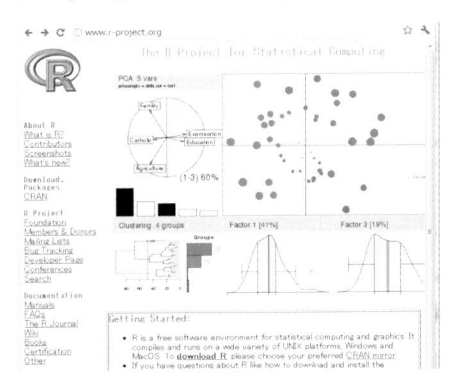

ただし，日本のユーザーはミラーサイトからダウンロードしたほうが時間を節約できるでしょう．ページの下にCRAN mirrorというリンクがありますので，これをクリックします．すると国別に用意されたミラーサーバーの一

覧が表示されます．これらのサイトのネットワークを The Comprehensive R Archive Network（通称 CRAN）といいます．2012 年現在，日本には以下三つのミラーサイトが公開されています．この中から自由に選んでクリックすると，日本国内のサーバーに切り替わります．

Japan
```
    http://essrc.hyogo-u.ac.jp/cran/    Hyogo University of Teacher Education
    http://cran.md.tsukuba.ac.jp/       University of Tsukuba
    http://cran.ism.ac.jp/              Institute of Statistical Mathematics, Tokyo
```

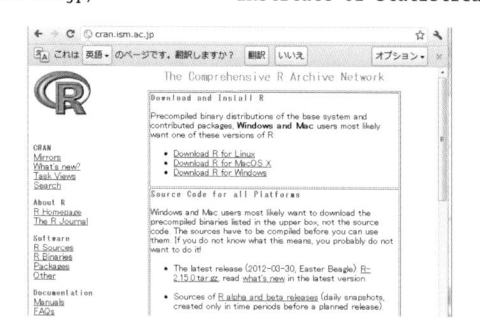

ページ上に Download and Install R とあります．R は OS ごとにインストールファイルが用意されています．ここでは Windows 版 R を例にインストール方法を説明します．Download R for Windows をクリックしましょう．Mac ユーザーは Download R for MacOS X をクリックすればよいわけです．

　R for Windows というページが表示されますので，一番上の base をクリックします．執筆時点では Download R 2.15.1 for Windows (47 megabytes, 32/64 bit) というリンクが表示されます．数値はバージョンを表していますので，実際にアクセスする日時によって異なるかもしれませんが，いずれにせよ，このリンクをクリックするとダウンロードが始まります．Mac ユーザーの場合は R-2.15.1.pkg (latest version) をクリックします．

　ダウンロードされたファイルをダブルクリックすることでインストールが始まります．最初に言語として「日本語」のままで構わないか問われますが，OK を押して，以降についてもデフォルトのまま「次へ」を選んでいきます．

1.1 Rのインストールと設定 3

インストールが完了するとデスクトップ上にRの青いアイコンが表示されているはずです．OSが64 bitである場合は2種類のアイコンが表示されています（Macの場合はFinderのアプリケーションに2種類のアイコンがあります）．それぞれ32 bit版Rと64 bit版Rです．どちらを使っても問題ありませんが，CRANに登録されている追加パッケージの中には64 bit版Rでは動作しない場合もあります．本書では基本的に64 bit版を使って説明しますが，32 bit版でも問題ありません．

1.1.1　作業スペース

Rのアイコンをダブルクリックすると，左上にRGuiと表記されたウィンドウの中に，R Consoleというウィンドウが表示されている状態になります．

このコンソールと呼ばれるウィンドウに命令を打ちこんでEnterキーを入力するのがRの作業スタイルです．試しにコンソール上で>の右にgetwd()と入力してEnterキーを押してみましょう．

```
> getwd ()
[1] "C:/Users/ishida/Documents"
```

4　第1章　Rの基礎

これはWindows7で実行した結果ですが，getwd()はget working directoryの略で，現在の作業フォルダを表示します．上の出力であれば，Cドライブのユーザー用ホームフォルダということになります．これがデフォルトのフォルダです．これはスタートでポップアップされるメニューの右上にあるユーザー名の下の「ドキュメント」をクリックすると開くフォルダに該当します．

Rで操作を行うと，後で説明するオブジェクトというデータが作成されていきます．このオブジェクトは保存して，次回の起動時に読み込むことが可

1.1 Rのインストールと設定　5

能ですが，この保存先が getwd() で表示されるフォルダなのです．また画像などを作成した場合に保存される先も，このフォルダになります．これをRでは**作業スペース**といいます．この状態でRを終了する（ウィンドウ右上の「×」をクリックするか，メニューの「ファイル」−「終了」を選ぶ）と，「作業スペースを保存しますか？」を尋ねられます．

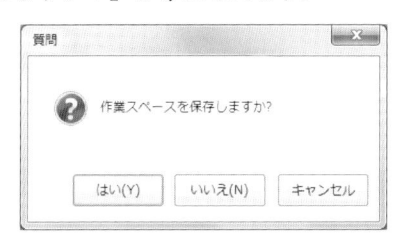

　ここで「はい」を選ぶと，作業スペースに .RData というファイルが保存されます．このファイルの中には，Rの作業中に作成したオブジェクトがまとめて保存されています．そのため次回Rを起動すると，このファイルが自動的に読み込まれ，前回のオブジェクトが再現されます．なお，Rを起動してから終了するまでを**セッション**といいます．Rのセッション中に作成したオブジェクトは，作業スペースに保存することができるわけです．作業スペースは変更することができます．これには三つの方法があります．Rのセッション中であれば，setwd() を使って変更できます．

```
> setwd ("D:/data")
```

　これは D ドライブの data フォルダに作業スペースを変更するという意味です．ただし，この方法はセッション中のみ有効です．一度Rを終了して，再び起動すると，もとのデフォルトのフォルダが作業スペースに戻ってしまいます．

　もう一つの方法は，Windows 版であればアイコンを右クリックしてプロパティを表示させ，そこにある「作業フォルダ」という項目にある "C:/Users/ishida/Documents" を，たとえば "D:/data" などと変更することです．これにより，Rのデフォルトの作業スペースは D ドライブの data フォルダになります．

第 1 章　R の基礎

　　三つ目の方法は少し難しいかもしれません．それは Windows のユーザー用ホームフォルダにドットで始まる .Rprofile というファイルを作成し，この中に setwd ("D:/data") と書いておくことです．本書の付録ファイルに dot.Profile.txt というファイルを用意しています．詳細はこのファイルの中を確認してください．

　　R は R Console に命令を入力して Enter を押して実行します．実行すると次の行に結果が表示されます

```
> 1 + 2
[1] 3
```

　　ただ Console 画面に入力した内容は R を終了すると消えてしまいます．そこでファイルを用意して，そこに記録しておくほうがよいでしょう．メニューの「ファイル」－「新しいスクリプト」を選ぶと，新しいウィンドウが表示されます．左上に「無題 － R エディタ」と表示されたファイルですが，ここに R の命令を書き込みます．たとえば 1 + 2 という命令を書いた後，この行の上で右クリックします．

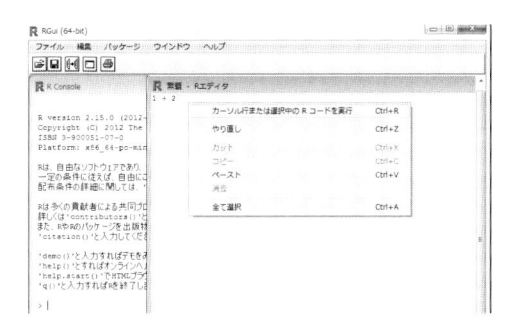

ポップアップウィンドウが出て，その一番上に「カーソル行または選択中のRコードを実行Ctrl+R」を選択します．すると，その行の命令がR Consoleにコピーされると同時に実行され，結果が表示されます．Rの命令を書いたファイルを「スクリプトファイル」あるいは単に「スクリプト」と呼びます．スクリプトはRの終了時に保存します．この際，ファイル名の最後に拡張子として「.R」を付けておきましょう．たとえば test.R とします．

1.2 RStudio のインストール

本書ではRを単独では利用せず，RStudio という統合環境を利用します．次に RStudio をインストールします．http://rstuio.org にアクセスし，右上にある Download RStudio をクリックします．

次のページの上に Download RStudio Desktop というリンクがありますのでクリックすると，さらに新しいページが表示されます．

ここで利用する OS ごとに適合したファイルをクリックしてダウンロードします．

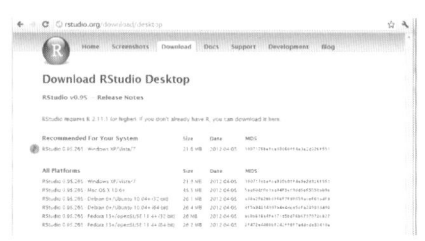

ダウンロード後は，ファイルをダブルクリックしてインストールします．この場合もデフォルトのまま「次へ」と進んでいけばよいです．

1.2.1　RStudio のメニュー項目と機能概略

ここで RStudio を起動してみましょう．スタートメニューから「すべてのプログラム」を選び（Mac なら「アプリケーション」フォルダから），RStudio という青いアイコンをクリックして起動して下さい．起動直後のイメージは図 1.1 のようになるでしょう．

最初に起動した際は，ウィンドウ内部に，さらに三つのウィンドウが確認できるはずです（初めて起動したときです）．これら内部のウィンドウの

図 1.1　起動直後のイメージ

ことを，本書では**パネル**と呼ぶことにします．左のパネルが Console（コンソール）でコンピュータへの命令を実行する場所です．右上はワークスペース (Workspace) パネルです．このパネルの上部にはタブがあり，Workspace と History と記されています．前者は RStudio を操作中に作成したデータなどの情報が表示されます．後者は操作の履歴の一覧が表示されることになります．当然ながら初回起動時は空白のままです．右下はファイル (Files) パネルです．ここには四つのタブがあります．Files にはプロジェクトで管理されるファイルの一覧が表示されます．Plots タブは作成したグラフが，Packages タブには導入したパッケージが，そして Help タブは関数などの詳細な情報が表示されます．

1.2.2　プロジェクトの作成

それでは実際に RStudio を操作してみましょう．まず RStudio にはプロジェクトという概念があります．データあるいは分析目的ごとにプロジェクトを立てるわけです．新たに別データの分析を行う場合，あるいは同じデータであっても異なる作業を行うのであれば，別プロジェクトとして独立させるとよいでしょう．このように目的ごとに作業単位を独立させた場合，その単位を**プロジェクト**と呼びます．それでは新規にプロジェクトを開始しましょう．右上の「Project」をクリックすると図 1.2 のダイアログが現れます．

ここでは一番上の「New Directory」を選択します．下の「Existing Directory」は，すでに R のスクリプトファイルやデータが置かれているフォルダ

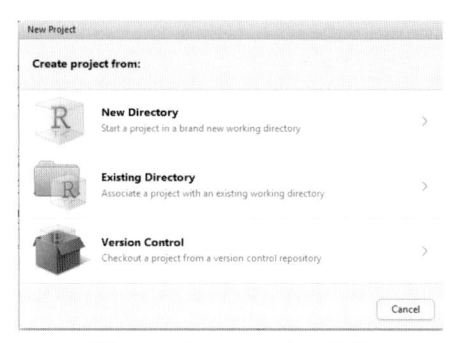

図1.2 プロジェクトの作成

をRStudioのプロジェクトとして登録することを意味します．一番下の「Version Control」は，サーバなどで管理されているファイルをプロジェクトとして登録する操作です．これについては付録A.2で説明しています．

　ここで注意があります．保存先のフォルダやプロジェクトの名前に日本語は使わないほうがいいでしょう．これはRStudioで日本語が使えないということではありません．新規プロジェクト名を日本語で設定することは可能なのですが，避けた方がトラブルは少ないと筆者は考えるからです．

　Rではインストール後にもさまざまなパッケージを追加で導入することが可能ですが，その多くは海外のユーザによって作成されています．海外のパッケージは，フォルダ名やファイル名に半角英数字以外の文字列が含まれていることを想定していない可能性があります．さらには，パッケージによってはフォルダ名に半角スペースがあると正しく動作しないケースもあります．

　そこで，フォルダ名やファイル名は半角英数字を利用し，またスペースや特殊な記号は使わないことをお勧めします．ファイルを識別するには不便かもしれませんが，余計なトラブルで時間を無駄に費やすことは避けられます．さらにコードを入力する際の手間なども省けます．ここではFirstProject01という名前のプロジェクトを作成します．

　「New Directory」を選択すると新たにダイアログが現れますので，一番上の入力欄にプロジェクト名を入力します．その下の欄にはデフォルトではチルダ記号「~」が表示されています．これはユーザの作業フォルダを意味し

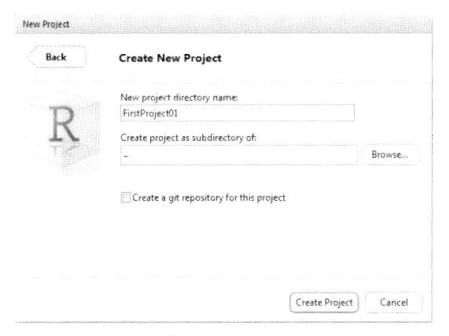

図 1.3　プロジェクト名の指定

図 1.4　プロジェクトの作成

ます．1.1.1項で作業スペースについて説明しました．チルダ記号は，デフォルトに設定されている作業スペースを意味します．

その下には「Create git repository」というチェック欄がありますが，これはファイルのバージョン管理システムであるgitを利用するためのオプションです．詳細は付録A.2で解説します．

実行すると図1.4のようなレイアウトになります．RStudioウィンドウが3分割されています．

デフォルトでは右下に表示されるファイル・パネルには「Files」というタブがあり，「FirstProject01.Rproj」というファイルがあるのが確認できるはずです．これはRStudioがプロジェクトを管理するファイルです．

左のパネルが，Rを単体で起動した場合のR Consoleに対応するわけです．このウィンドウに直接コードを入力してもよいのですが，スクリプトファイルを用意し，そこにコードを書き足していくことにします．「File」メニューから「new」-「R Script」とたどって新規スクリプトを用意します．あるいはマウス操作の代わりに，キーボードのCtrlキーとShiftキー，そしてNのキーを同時に押すことで（この操作をCtrl + Shift + Nと表記します），新しいファイルが追加されます．新規に用意されたスクリプトは，左上のパネルに表示されます．このパネルをスクリプト・パネルと呼びます．タブには「Untitled1」と表示されていますが，これがデフォルトのファイル名になります．「Untitled1」ファイルの空白部分にカーソルがある状態で，Ctrl + Sを操作すると保存用のダイアログが現れますので，拡張子として「.R」を付けて適当な名前で保存しておきましょう．たとえば「test.R」と入力します．（保存操作はメニューの「File」から「Save AS ...」を選ぶか，メニュー下にある「上書き保存」アイコンを押すことでも実現できます．）

> **ショートカットキー：**
> マウス操作をキーボードで代用する仕組みがパソコンにはあります．たとえばRStudioでファイルを保存する場合，「File」-「Save」とマウス操作しますが，その最初の操作でドロップダウンされるメニューは以下のようになっています．
>

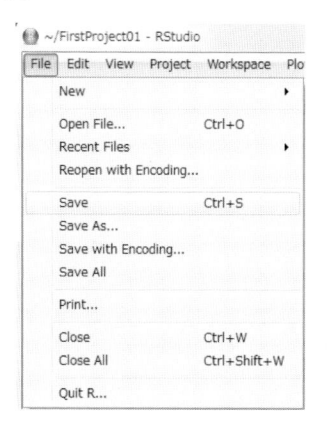

1.2 RStudioのインストール

　右端に Ctrl+S とありますが，これは同様の操作を，キーボード上で Ctrl と S を同時に押すことで実現できることを表しています．キーボードによる代替操作をショートカットキーと呼び，ほとんどのソフトで共通して利用可能です．たとえば Windows ではコピーとペーストは，それぞれ Ctrl キーと C を同時に押す，Ctrl キーと V を同時に押すことで実現できます（Mac であれば commad と C, command と V になります）．一度覚えると，マウスで操作する方が面倒に思えるほど便利な機能です．RStudio にもショートカットキーが用意されています．「Help」→「Keyboard Shortcuts」で表示されます．

　本格的には次章から説明を行いますが，ここでは簡単な計算を行ってみましょう．いま準備した「test.R」に次のように入力してみて下さい．

```
1 + 2
```

　みての通り，1 と 2 を加算せよという命令に相当します．プログラミング言語では命令を**コード**ともいいます．この状態でファイル・パネル右上にある「Run」を押すか，あるいは Ctrl キーと Enter キーを同時に押すと (Ctrl+Enter)，下のコンソール・パネルにコードがコピーされた上で，実行結果が表示されます．

図 1.5　ファイルの上書き保存

　また右上のワークスペースパネルの History タブには，実行した命令が記録されます．出力の左にある [1] については次章で説明します．
　本書では，RStudio でスクリプトに命令を入力し，これを実行した結果をコンソールパネルで確認するという作業を繰り返します．RStudio は，このようなルーティーンを簡単に繰り返すことのできる機能が多数備わっていますが，これらの機能については後で説明します．
　それでは，ここでプロジェクトを終了してみます．ウィンドウ右上の「×」を押すことで RStudio を終了させることができますが，保存されていないコードなどがある場合は，図 1.5 のように確認のダイアログが現れます．
　変更されているファイルで，まだ保存処理のなされていないファイルが表示されています．「Save Selected」を押すと，左のチェック欄で印の入っているファイルが保存され，RStudio のウィンドウが閉じます．

1.3　パッケージのインストール

　R には本体とは別に，多数のパッケージが公開されています．これらは特定の解析手法を実装していたり，あるいはある研究分野で使われる解析手法の集成であったりします．これらのパッケージは世界中の R ユーザーによって開発され，自由に利用できるように公開されています．こうしたパッケー

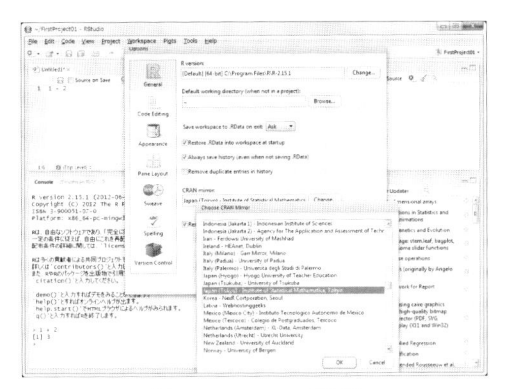

図 1.6 CRAN の設定

ジの多くは CRAN に登録されています．

　始めに RStudio でミラーサイトを指定しておきます．メニューの「Tools」，「Options」を選びダイアログを表示させます．図 1.6 で左上の「General」を選択した状態で，「CRAN mirror:」欄の「Change...」をクリックします．

「Japan」で始まる候補の中から適当に選択して，最後に「OK」を押します．

　次にパッケージを RStudio でインストールする方法を解説しましょう．右下のファイル・パネルに「Packages」というタブがありますので，これをクリックします．すると現在インストールされているパッケージの一覧が表示されます．左の四角にチェックが入っているのは，現在の作業スペースにロードされているパッケージです．追加したパッケージを利用したい場合，R ではあらかじめ**ロード**するという処理が必要になるのです．

　ここで「Install Packages」ボタンを押し，ダイアログの「Packages」にインストールしたいパッケージ名を入力します．入力を始めると適当な候補がポップアップされるので，マウスで選択すればキーボード入力の手間が省けます．間にカンマを挟めば，複数のパッケージを指定することもできます．ここでは **rgl** パッケージという 3 次元グラフィックスの作成を行うパッケージをインストールしてみます．"rgl" と入力して「Install」を押します（図 1.7）．ネットワークにつながっているパソコンであれば，ただちに CRAN にアクセスし，パッケージがインストールされます．

　下の一覧に "rgl" が加わっていることを確認できたら，左の四角をクリッ

16　第1章　Rの基礎

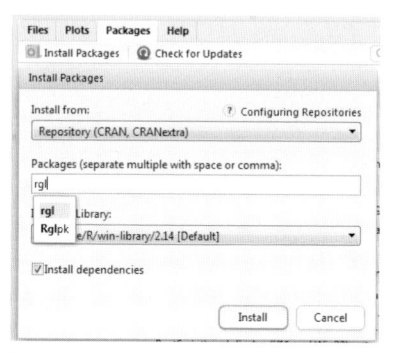

図 1.7　**rgl** パッケージのインストール

図 1.8　**rgl** パッケージのインストール 2

クしてチェックを入れます（あるいはコンソール・パネルないしスクリプト・パネルでlibrary (rgl)を実行してもいいでしょう）．これで作業スペースに **rgl** パッケージがロードされます．ここでは簡単にコンソールか，あるいはスクリプトコードにdemo(rgl)と入力して実行してみて下さい．すると図1.8のような画面になります．

Type <Return> to start: とありますので，コンソールで Enter キーを押します．**rgl** パッケージでは特別な方法でグラフィックスが作成されるので，

1.3 パッケージのインストール 17

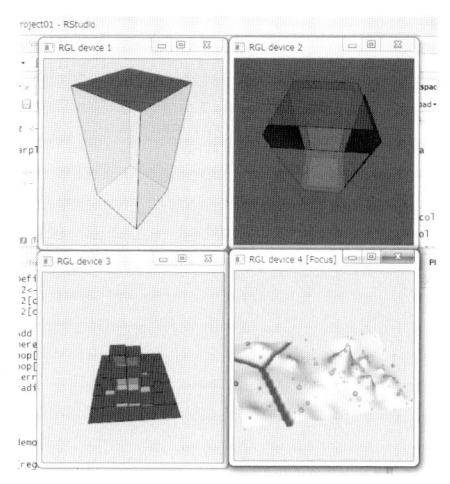

図 1.9 **rgl** パッケージによるプロット

RStudio のファイル・パネルの「Plots」ではなく，独立したウィンドウが新たに現れます．一方 RStudio のコンソールでは再び Enter キーを押すようにうながされますので，これにしたがいます．すると新たに別ウィンドウが現れます．

これらのグラフィックスでは，画面の上にマウスをあてて左クリックして動かすと画像を回転させることができます．ホィールキーがあるマウスでは，画像の拡大縮小を行うこともできます．最終的に 6 個の独立したウィンドウが表示されるでしょう．

rgl パッケージは 3D グラフィックスを R で作成する代表的なパッケージです．R には，他にもグラフィックス機能を拡張するパッケージが多数公開されています．興味のある方は，R Graph Gallery (http://addictedtor.free.fr/graphiques/) を参考にするとよいでしょう．

第 2 章
R 言語とデータ構造

2.1 はじめに

　本章では，R をプログラミング言語という観点から説明します．プログラム言語にも語彙と文法があります．プログラミング言語に備わっている語彙はわずかです．「+」や「if」などです．一方，文法とは，たとえば「開いた丸括弧で始まったコードは，閉じた丸括弧で終わる」というものです．いずれも人間の言葉の文法や語彙に比べればわずかです．本章では，プログラミング言語の語彙と文法について学びます．

　それでは RStudio を起動しましょう．前章の最後の操作を行っていれば，「FirstProject01」がプロジェクトとして開かれるはずです．プロジェクトの選択は右上にある「Project」で選択します．また左上のスクリプト・パネルには前章で作成した「test.R」が開かれていることと思います．ここには 1+2 の一行しか，まだ書かれていませんが，以下の説明では，このファイルに指定の命令を書き込んでいくとよいでしょう．

　なお本書に掲載されたコードはサポートサイトからダウンロードすることができます．サイトにある zip ファイルを解凍すると中に windows と mac の二つのフォルダがあります．それぞれ中に「script」というフォルダが含まれています．これを第 1 章で作成した「FirstProject01」フォルダの中に移動ないしコピーします．すると RStudio の右下にあるファイル・パネルに「script」フォルダが現れますので，これをクリックすると内部のファイル一覧が表示されます．章ごとにファイル名を分けていますので，必要なファイルをク

リックすると，左上のスクリプト・パネルにファイルが表示されます．ただし，できれば本書に掲載されているコードは，実際に自分自身で入力してみて実行することをお勧めします．Rに限らずプログラミングに上達するコツは，いちいち自分で書いて実行してみることだからです．

2.1.1 四則演算

まずは簡単な四則演算を行なう式を入力してみましょう．四則演算では+，*などの記号を使いますが，これらはR言語の語彙であり，**演算子**と呼びます．なおコンピュータに対する命令を**式**，あるいは**コード**などと呼びます．

以下のように「test.R」に入力します．

```
1 + 1
2 - 2
3 * 3
4 / 4
```

1行ずつでも，4行まとめて範囲指定してからでも構いませんから，Ctrl + Enterで実行するとコンソール・パネルには以下のように表示されます．

```
> 1 + 1
[1] 2
> 2 - 2
[1] 0
> 3 * 3
[1] 9
> 4 / 4
[1] 1
```

コンソール・パネルでは各行の冒頭に「>」があります．これはプロンプト記号といいます．Rのコンソールでは常に表示されており，ユーザーの新規入力を待っている状態を表しています．スクリプトではなくコンソールでコードを実行する場合は，この「>」の右に入力します．実行結果は次の行に表示されます．結果が表示されている行の冒頭にある [1] については後ほど説明します．上から足し算，引き算，掛け算，割り算を実行しています．キーボードには"×"と"÷"のキーがありませんが，コンピュータでは *，/

で代用します.

一つの式に複数の演算子を使うことも可能です.

```
> (1 + 2) * 3  / 4    ;    1 * 2 / (3 - 2 + 1)
[1] 2.25
[1] 1
```

四則演算の順序は，算数の場合と同じです．掛け算や割り算よりも足し算や引き算を優先させたい場合は式を丸括弧で囲みます．なお，上の実行例では，二つの計算式をセミコロン（;）で分けています．本書でも，複数の式を1行にまとめたい場合にはセミコロンを使いますので，覚えてください．出力では式ごとに改行されます．上のコードでは独立した二つの式があるので，出力も2行になります．なおコードを実行することを「式を評価する」ということがあります．

さて，ここでR特有のコードを実行してみます.

```
> 1:10
 [1]  1  2  3  4  5  6  7  8  9 10
> 1:10 + 1
 [1]  2  3  4  5  6  7  8  9 10 11
> c (1, 3, 8) + 1
[1] 2 4 9
> 1 + 2 + 3 +
+   4 + 5 + 6
[1] 21
```

1:10 というコードは，すぐ下の出力にあるように，1から10までの整数をすべて指定したことになります．間のコロン (:) は連続する整数を生成する演算子です．これをRでは**ベクトル**と表現しています．このベクトルは1から10までの10個の整数を**要素**としています．ベクトルについては後ほど詳しく説明しますが，Rの強力な機能にベクトルを単位とした処理（演算）を行なえることがあります.

ベクトルに対して演算を行なうと，そのすべての要素に対して処理が実行されます．二つ目の実行例では，すべての要素に1が加算されています．二つ目の命令ではc()関数の中に，カンマで区切られた数値が入っています．1:10とは異なり，規則性のない数値の並びをベクトルの要素として指定す

る場合には c() 関数を使います．半角アルファベットの綴りに丸括弧が続く式を**関数**といいます．c() 関数は指定された要素を一つのベクトルにまとめる関数です．また関数というのは

> 関数名（引数）

のような構造をしたコードのまとまりのことです．括弧内には「引数」（ひきすう）を指定します．上の実行例では 1,3,8 が引数です．

なお最後の実行式では 1 + 2 + 3 + 4 + 5 というコードの途中で，3 の直後に + を入力してから改行しました．+ は前と後の数値を足し合せる演算子であるので，後にも数値がないといけません．そのため R は，改行されたけれども，まだ数値が入力されるはずと考えます．改行後の最初に表示された + は，命令が続くことを示すプロンプト記号であり，+ 演算子とは意味が異なります．改行後に残りの命令を追加で入力し，Enter を押すと最終的に足し算の結果が表示されます．

2.1.2 変数あるいはオブジェクト

ここからプログラミング言語としての R について理解を深めていきます．まず最初に慣れるべき概念が**変数**あるいは**オブジェクト**です．なお，ここからはコードと実行結果を併記しません．実行結果のみを掲載します．実行結果を参考に自身でスクリプト・パネルに入力して実行してみるか，添付の「script」フォルダ内にある「Chapter02.R」をクリックして開いて，コードを実行してください．

まずは以下の実行例を検討しましょう．

```
> x <- c (1.0, 1.2, 1.3)
> x
[1] 1.0 1.2 1.3
> x * 10
[1] 10 12 13
> x #  中身は変っていない
[1] 1.0 1.2 1.3
> y <- 石田基広
 エラー：  オブジェクト '石田基広' がありません
> y <- "石田基広"
> y
[1] "石田基広"
```

最初のコードには x <- c (1.0, 1.2, 1.3) とあります．これは変数 x にベクトル 1.0, 1.2, 1.3 を**代入**するという意味です．代入という操作が成功すると，これ以降，変数（ここでは x) は 1.0, 1.2, 1.3 を要素とするベクトルを指し示すようになります．このことを確認するには，変数 x を実行します．変数単独でも立派なコードなのです．すると変数 x が指す内容がコンソール・パネルに表示されます．また変数を指定して演算を行なうことができます．上の実行例では，変数の中身をすべて 10 倍しています．注意して欲しいのは，この掛け算では変数 x の要素を 10 倍した結果を表示しているのであって，x の中身そのものは変っていないことです．また実行例では，行の途中に # 記号を使っています．これはコメントの開始を指示する記号です．# 記号の右に書いた内容は実行されません．コメントはプログラムの使い方や内容を説明するために使います．

なお R では変数と同じ意味でオブジェクトということがあります．R はプログラム言語としては**オブジェクト指向言語**に分類されます．オブジェクトとはプログラム言語において，ある仕様を満たす**型**あるいは設計にそった変数のことを意味します．オブジェクトは，他のプログラミング言語ではインスタンスなどと呼ばれていることもあります．R の場合，特に統計データの解析に利用されるので，プログラミングの意味の変数と，統計学における変数あるいは変量とで混乱が生じるかもしれません．そこで本書では基本的にオブジェクトという言葉を使います．ただし統計解析の文脈では変数という言葉で置き換えることもあります．R では，変数とオブジェクトはしばしば同じ意味になります．

オブジェクトに代入を行うと，それ以降オブジェクトは特定の数値などを指し示すようになります．オブジェクトには数値だけでなく，文字列も代入することができます．ただし文字列を代入する場合，引用符で囲む必要があります．引用符は二重引用符 (") でも，単引用符 (') でもかまいません（日本語入力と日本語文字コードについてのコラムを本節最後に添えました）．

なお RStudio でオブジェクトを作成すると，右上のワークスペース・パネルに図 2.1 のように表示されます．この Workspace タブには，現在のプロジェクトで作成したオブジェクト名が左に，そのオブジェクトが指し示す内容の情報が右に表示されます．たとえば numeric[3] とあるのは，整数を三つ要

図 2.1　ワークスペース・パネルの出力

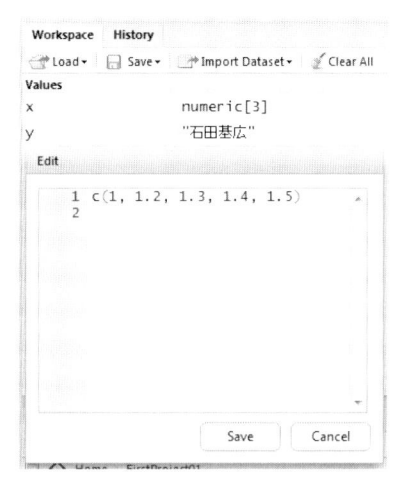

図 2.2　オブジェクトの内容

素として含むベクトルであるという意味です．オブジェクト名をクリックすると図 2.2 のようなダイアログが現れます．ここでオブジェクトの指す内容を変更することができます．図では 1.4, 1.5 を追加する場合を表していますが，編集後，下の「Save」を押すと，オブジェクトの内容が変更されることになります．

> **数字と文字：**
> 　文字列と数値がコンピュータでは区別されることに注意してください．たとえば数字の 2 と文字としての "2" は，コンピュータにとっては意味（内部処理）が違います．

代入で式を実行しても，コンソールに式がコピーされるだけで特別な反応はありません．これが正常な動作であり，逆に代入式に間違いがあった場合

にはエラーメッセージが表示されます．正しく代入が行われたかどうかを確認するには，オブジェクトを実行するのが簡単です（ただしオブジェクトの中身が，たとえば1万個の数値からなるベクトルであったりすると，コンソールが数値で埋め尽くされることになります）．代入の命令全体を丸括弧で囲むと，オブジェクトへの代入と，その要素の表示を同時に実行することができます（たとえば (x <- 1:10) と実行します）．

オブジェクト名には日本語を利用することもできますが，後述するようにパソコンのOSごとに日本語の扱いが異なるため，オブジェクト名には半角英数字を利用した方がよいでしょう．またRにはオブジェクト名を設定する際に守らなければならない規則があります．この規則に反する名前をオブジェクトに付けようとするとエラーになります．具体的には以下の記号をオブジェクト名に使うことはできません．

$, %, ^ *, +, -, ( ), [ ], #, !, ?, <, >,=,_

ドット（.）で始まる名前はエラーにはなりませんが避けた方がよいでしょう．さらに予約語と呼ばれるオブジェクト（語彙）があります．以下に列挙します．

```
if else repeat while function for in next break
TRUE FALSE NULL Inf NaN
NA NA_integer_ NA_real_ NA_complex_ NA_character_
... ..1 ..2
```

これらをユーザーがオブジェクト名として利用することはできません．以下の実行結果ではオブジェクト名に不適切な記号が使われている場合にエラーが表示されています．

```
> # オブジェクト名には日本語も使える（推奨はしない）
> (石田 <- "基広") # 丸括弧を使って代入と同時に中身を表示
[1] "基広"
> _underBar <- 5
 エラー:   予想外の  入力  です  ( "_" の)
> $4 <- 5
 エラー:   予想外の  '$' です  ( "$" の)
> if <- 1
 エラー:   予想外の  付値  です  ( "if <-" の)
```

2.1 はじめに

さて前項での注意に戻りますが，コードを実行すると，出力の冒頭に[1] と表示されました．この意味を説明しましょう．次の例を参照してください．

```
> LETTERS
 [1] "A" "B" "C" "D" "E" "F" "G" "H" "I" "J"    ... 中略
[17] "Q" "R" "S" "T" "U" "V" "W" "X" "Y" "Z"
```

LETTERS は R に登録されているアルファベット大文字で構成されたベクトルです．この場合，1 行の出力幅が足りないため2 行に渡って表示されますが，2 行目の先頭には [17] とあります．これはすぐ右隣にある"Q"が，LETTERSというオブジェクトの 17 番目の要素であることを意味しているわけです．角括弧の中に番号を指定する表記方法を**添字**（そえじ）といいます．添字については以下で詳しく説明します．

RStudio における日本語対応：

RStudio で日本語を入力する場合，現在のバージョン (v0.96) には問題が残っています．日本語を使えないわけではありませんが，たとえばスクリプト・パネルに日本語を入力しようとすると，変換して確定するまで日本語が表示されません．

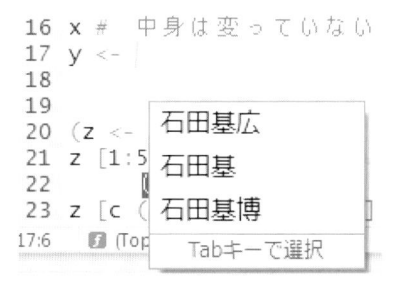

```
16 x #  中身は変っていない
17 y <-
18
19
20 (z <-      石田基広
21 z [1:5     石田基
22
23 z [c (     石田基博
17:6    (Top  Tabキーで選択
```

しかし変換候補は現れますので，カーソルで適切な選択をすれば，日本語文字列がスクリプト・パネル内に表示されます．

また Workspace パネルでは，Windows 版で以下の図にあるように文字化けしていることがあります．

この場合は，ワークスペース・パネルの右上にある丸い矢印のアイコン (Refresh Workspace) を押すと文字化けが解消されます．これでも文字化けが解消されない場合は，右下のパネルで「FirstProject01.Rproj」をクリックします．新たにダイアログが出ますので，左枠から「Editing」を選択します．右に「Text encoding」という項目があります．

右の「Change...」ボタンを押して CP932 に変更します．CP932 というのは日本語の文字コードの指定です．文字コードというのは，コンピュータで日本語を記録あるいは表示する仕組みのことです．コンピュータ上で日本語を扱う方法には，現在大きく 2 つの方法があります．Windows では，CP932 という方式が利用されています．これは一般には Shift-JIS といわれているものとほぼ同じです．これに対してMac あるいは Linux では UTF-8 という方式が採用されています．

文字コードとバイト：
日本語 Windows で利用されている文字コードである CP932 では日

本語の「あ」は，内部的には数値で対応付けられていますが，この数値はRではcharToRaw()関数で確認できます．

```
> charToRaw("あ")
[1] 82 a0
```

二桁の数値が2つ表示されています．これはそれぞれが16進法という数値表現であり，1バイトを表しています．16進法では10から15までを英語アルファベットのA,B,C,D,E,Fで表します．そして10進法で16に相当する値で桁が上がり（つまり2ケタになり），これが10と表示されます．

コンピュータでは1バイトという単位が使われますが，これは256種類の情報を区別する方法です．これを16進法で表現すると，最大でも2ケタのFFで表現することができるため，プログラミングでは好んで16進法が用いられます．

ここでバイトおよびビットという単位について説明しておきましょう．コンピュータでの計算の基本はバイナリです．すなわち0か1の2進法です．これを1ビットともいいます．1ビットでは2つの情報を区別することができます．1ビットを2つ揃えると，2ビットになります．この場合00, 01, 10, 11の4つを区別できるようになります．2^2で4種類というわけです．8ビットをまとめた単位をバイトといいます．1バイトは2^8で256種類の情報を表現できます（Rでは 2^8 とすると求まります）．すなわち0から255まで256個の情報を区別できます．16進法では00からFFまでに対応します．

英語のアルファベットは52種類の文字があります．小文字26個，大文字26個です．これにスペースやピリオドなどが加わったとしても，100個にもなりません．つまり256種類の情報を表現できる1バイトであれば，英語のテキストを表示するには十分です．

しかしながら日本語にはひらがな，カタカナ，漢字などの多数の文字種があります．1バイトではとても足りません．そこで2バイトで日本語文字種を表現しようとする仕組みが，CP932です．2バイトは16ビットですから2^{16}で6万を超える情報を区別することができます．こ

れでも漢字をすべて表現することはできないかもしれませんが，実用的ではあります．

CP932 という文字コードでは日本語の "あ" は 82 と a0 の 2 バイトで表現されるわけです．ちなみに，それぞれの 10 進法表現を知るには，R では 16 進法数値の頭に 0x（ゼロ・エックス）を付けて入力すれば確認できます．

```
> 0x82
[1] 130
> 0xa0
[1] 160
```

コンピュータで日本語を表現する方法は，実は CP932 だけでなく，複数あります．最近使われることが多いのが UTF-8 です．UTF-8 では日本語をおおむね 3 バイトで表現します．おおむねというのは，実は決まっていないからです．4 バイト以上で表現される文字もあるのです．Mac 版の R で次のように実行すると，日本語の "あ" は 3 バイトで表現されていることがわかります．

```
> charToRaw("あ")
[1] e3 81 82
```

すなわち Windows と Mac では，コンピュータ内部で日本語を処理する方法が異なるのです．これが文字化けの原因になります．一般に Windows で作成した文書を Mac で開くと（あるいはその逆をすると），テキストは文字化けします．ソフトによっては自動的に変換してくれる場合もありますが，うまく変換してくれないこともあり，トラブルのもととなります．

2.2 添字

R にはベクトルというオブジェクトがあり，内部に複数の要素がまとめられています．こうした複数の要素を含むオブジェクトから一部の要素を取り出す方法が添字です．

```
> LETTERS [1:5]
[1] "A" "B" "C" "D" "E"
> LETTERS [ c (1, 3, 5, 20:26)]
 [1] "A" "C" "E" "T" "U" "V" "W" "X" "Y" "Z"
```

添字はオブジェクトの後ろに角括弧を使い，番号を指定します（後で説明しますが，番号以外で指定することも可能です）．上の例では括弧の前後に半角スペースを挿入していますが，これは必須ではありません．ただスペースを惜しむとコードが全体として読みづらくなるので注意してください．半角スペースは積極的に挿入したほうがいいでしょう．

> **重要：余計な半角スペース**
> 代入記号の <- では間にスペースを挟むと代入ではなく比較になってしまうので注意して下さい．
> ```
> > x <- 1
> > x < - 3
> [1] FALSE
> ```
> ここでは最初にxに1を代入し，続けてxの中身を3に変更しようとしたと考えて下さい．ところが，[1] FALSE という出力が返ってきています．ここでRは<を小なり記号とし，-をマイナス記号として別々に解釈しているのです．つまりx < - 3 は全体として，オブジェクトxの中身が-3よりも小さいかどうかを判断するコードとして実行されています．いまxの中身は1ですので，こちらの方が-3よりも大きいです．そこでRはプログラミング言語で「いいえ」にあたるFALSEを出力しています．これは論理演算といいます．この後で説明します．

添字の場合も連続する数値はコロン:を使い，不連続な場合はc()関数を使うことができます．なお添字番号にマイナスを付けると，その番号の要素を省くことになります（ただし複数の負の添字番号を使う場合は，全体を丸括弧で囲む必要があります）．

```
> LETTERS [ - (1:23)] # この場合，丸括弧が必要
[1] "X" "Y" "Z"
```

30　第2章　R言語とデータ構造

　ベクトルの要素には名前を付けることができます．これにはnames()関数を使います．要素に名前を付けると，添字に名前を利用することができます．

```
> dogs <- c ("モモ", "チョコ", "マロン", "ナナ")
> names (dogs) <- c ("チワワ", "コーギ", "柴犬", "コーギ" ) ; dogs
　チワワ　　コーギ　　　柴犬　　コーギ
　"モモ" "チョコ" "マロン"　 "ナナ"
> dogs ["コーギ"]
　コーギ
"チョコ"
```

　添字に名前を利用する場合も引用符が必要です．ただ最後の出力をみるとコーギは2頭いるのに，チョコしか出力されていません．これは犬種が一致した最初の要素だけが出力されているわけです．コーギに該当する犬の名前をすべて出力させるには，もう少し工夫が必要です．これについては42ページで学びます．

2.3　関数について

　プログラミングにおいて，オブジェクト（変数）と並んで重要な概念が関数です．Rなどのプログラミング言語には多数の関数が備わっています．たとえば上の節ではnames()関数を利用しました．Rでよく使われる関数をいくつか紹介しましょう．

```
> x <- 1:100       # 1, 2, 3, ..., 98, 99, 100 のベクトル
> sum (x)          # 合計
[1] 5050
> mean (x)         # 平均
[1] 50.5
> y <- 1:3         # 1,2,3 のベクトル
> rep (y, 3)       # 3 回繰り返す
[1] 1 2 3 1 2 3 1 2 3
> z <- c ("A", "B", "C")    # アルファベット三つのベクトル
> rep (z, 5)                # 5 回繰り返す
 [1] "A" "B" "C" "A" "B" "C" "A" "B" "C" "A" "B" "C" "A" "B" "C"
> seq (10)                  # 1 から 10 までの整数の列
 [1]  1  2  3  4  5  6  7  8  9 10
```

```
> seq (from = 0, to = 10, by = 2)  # 間隔を 2 としたベクトル
[1]  0  2  4  6  8 10
> seq (0, 10, 3)                   # 間隔を 3 としたベクトル
[1] 0 3 6 9
> seq (0, 1, 0.1)                  # 間隔を 0.1 としたベクトル
 [1] 0.0 0.1 0.2 0.3 0.4 0.5 0.6 0.7 0.8 0.9 1.0
```

ここで sum() 関数は合計，mean() 関数は平均値を計算する関数です．一方，rep() 関数は replicate の略で，繰り返しを意味します．この関数には二つ引数を指定しています．オブジェクト y には 1 から 3 までの整数を指しています．これを第 1 引数とします．第 2 引数は 3 ですが，これは繰り返しを 3 回行なうという意味です．

seq() 関数は sequence の略です．最初の例では 10 を指定していますが，この場合 1 から 10 まで 10 個の整数を生成します．二つ目の実行例では引数が三つ指定されています．rep() 関数では単にオブジェクトと繰り返し数を引数にしましたが，seq() 関数では，from =，to =，by = が引数指定に使われています．これは**名前付き引数**といいます．ここで from = は開始となる数値，to は終了の数値，そして第 3 引数 by は間隔で，それぞれ = の後に具体的な数値を指定します．

関数はそれぞれに指定可能な引数が決められています．これはどのように確認することができるでしょうか．RStudio ではスクリプト・パネルから関数の引数を確認できます．スクリプト・パネルで seq() と入力し，丸括弧内にカーソルを移動して TAB キーを押してみて下さい．図 2.3 のようにポップアップが現れます．ここには seq() 関数で定義されている引数が一覧が表示され，マウスで引数名をクリックすると，右に引数の役割についての説明が表示されます．また，引数の一覧がポップアップされているときに F1 キーを押すと，右下のファイル・パネルの「Help」タブに「Sequence Generation」と書かれたファイルが表示されます．これが seq() 関数について

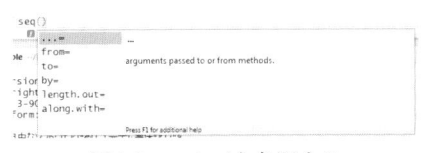

図 **2.3**　ヘルプを参照する

のヘルプファイルです．Rでは，あらゆる関数にヘルプが完備されていますが，残念ながらすべて英語です．しかしヘルプの英語はそれほど難しくありません．専門的な統計用語には戸惑うかもしれませんが，どんな分野であれ，新しい単語は覚えていくしかありません．

最初の「Description:」には関数の概要が，続く「Arguments:」に定義されている引数，最後の方にある「See Also:」には，関連あるいは類似の機能を持つ別の関数の一覧，そして最後に「Examples:」として実行例が示されています．seq()関数では先にあげた引数に加え，length.out と along.with が定義されていることがわかります．この二つの引数の後ろにNULLとあるのは，この引数は省略しても構わないことを意味しています．

seq()関数で，名前付き引数を指定しないでseq (0, 10, 3)と実行した場合は，順に名前付き引数に対して割り振られていくわけです．逆に名前付き引数を利用すると，関数定義の順番と一致していなくとも構いません．seq (to = 10, by = 2, from = 0)としてもよいわけです．

一般に関数を実行すると，ほとんどの場合に結果が出力されます．この結果のことを**戻り値**あるいは**返り値**と呼びます．また「関数が結果を返す」などという表現をします．一部の関数には返り値がありません．その代表的な関数が，グラフィックスを作成するplot()関数です．この関数を実行すると，画面にプロット（グラフのことです）を描きますが，Rのコンソール画面には何の表示もなされません（プロットの詳細は第4章で説明します．）

2.4 ヘルプの参照

前節では関数の定義を参照する方法を説明しました．Rには多数の関数が用意されていますが，この中から，必要とする関数を調べ出す方法について説明しておきましょう．具体的には，1,2,3のような連続した整数を作成する関数を知りたいとします．

たとえば数列を英語ではsequenceといいます．この英単語をキーワードにヘルプに検索をかけてみましょう．help.search()関数にキーワードを指定して実行すると（ただしキーワードは引用符で囲みます），キーワードに

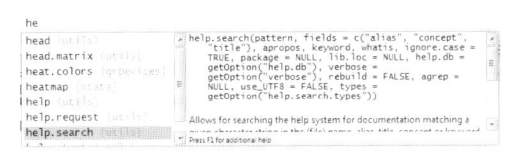

図 2.4　sequence をキーワードとする検索結果

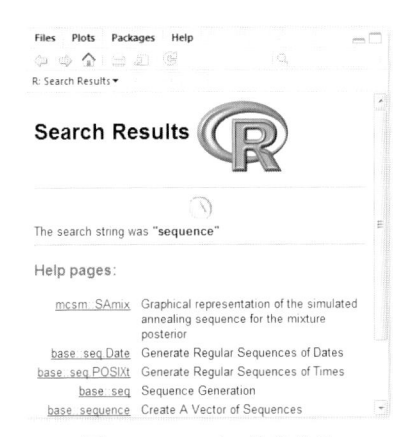

図 2.5　ヘルプの検索結果

関連する関数の一覧が表示されます．

　このような綴りの長い関数を入力するのは面倒ですが，実は RStudio には関数を補完する機能があります．スクリプト・パネルで，「he」と入力して，タブキーを押してみて下さい．図 2.4 では，「he」で始まる関数の一覧がポップアップされます．

　この中からマウスを使って適当な関数名を選ぶと，スクリプト・パネルに関数名が完全に入力された状態になります．続けて丸括弧と引用符を補い sequence と入力して実行して下さい．

```
help.search ("sequence")
```

　すると右下のファイル・パネルの「Help」タブに図 2.5 のような表示が現れます．

　ここには，何らかの意味で数列処理に関係する関数が列挙されています．この中には base::seq というリンクがあります．これをクリックする

と，前節で確認した seq() 関数のヘルプを確認できます．すると「Sequence Generation」と書かれたファイルが表示されます．これは seq() 関数についてのヘルプファイルです．base:: は，関数 seq() 関数が **base** パッケージに定義されていることを意味しますが，**パッケージ**については後述します．

> **R でのヘルプ表示：**
> R 本体を単独で起動している場合に，ある関数の定義や使い方を調べるには，関数の名前の先頭に半角のクエスチョンマーク (?) を付け，関数から丸括弧を取り去った命令を R のコンソールで実行します．実行すると Windows 版 R の場合はブラウザが起動して，ヘルプが表示されます．
>
> ```
> > ?seq     # seq() 関数のヘルプを表示
> ```

2.5 関数の応用

ここで sample() 関数を使って簡単なシミュレーションを行なってみましょう．コード補完機能を使って sample と入力し F1 キーを押すと，ヘルプがダイアログに表示されます．

表示される文章は残念ながら英文ですが，やはり指定されたベクトルから指定された数の要素を抽出する関数であることがわかります．この関数を使うと，サイコロをふることをシミュレーションできます．

```
> x <- 1:6
> sample(x, 1)
[1] 3
```

ここでは 1 から 6 までの整数を要素とするベクトル x を用意し，sample() 関数を使って要素を一つ取り出しています．なお sample() 関数はランダムに要素を抽出しますので，実行のたびに結果が変わることに注意してください．

> **履歴の利用：**
> コンソールで一度実行したコードを再び実行したい場合，キーボードの矢印キーで上向きの矢印を押せば，実行済みのコードが再び表示されます．目的とするコードが表示されれば，Enter を押して再度実行することができます．

またサイコロ 1 個を 10 回ふる（同じことですが，サイコロ 10 個を一度にふる）場合は以下のようにします．ただし，そのまま実行するとエラーになります．

```
> sample (x, 10)
 以下にエラー sample(x, 10) :
   'replace = FALSE' なので、母集団以上の大きさの標本は取ることができません
> sample (x, 10, rep = TRUE)
 [1] 3 6 3 6 6 4 4 1 3 1
```

sample() 関数は指定されたベクトルから要素を**非復元抽出**します．これはベクトルから要素を一つ取り出したら，次は残りの要素の中から改めて抽出するという意味です．たとえば 1:6 のベクトルから二つ数値を取り出す場合，仮に最初に 1 が抽出されたら，次は 2:6 の中から抽出されるということです．したがってサイコロから 10 個要素を取り出せと指定すると，「10 個も要素はない」というエラーが生じるわけです．ただ，ここで意図しているのは，サイコロを 10 回（10 個）ふるということです．この場合，同じ数が出ることもありうるわけです．これを**復元抽出**といいます．復元抽出には引数 replace に TRUE を指定します．すなわち，一度取り出された要素をもとに戻して抽出を行うということです．

> **名前付き仮引数の短縮形：**
> 上の実行例では rep = TRUE と指定しています．名前付き引数（ここでは replicate）は，他の引数名と混同される恐れがない場合，省略表記が可能です．また TRUE は省略形として T を使うことができるので，rep = T としても同じです．

sample() 関数で，もう少し遊んでみましょう．

```
> kuji <- c ("大吉", "中吉", "小吉") # 札を用意
> kuji
[1] "大吉" "中吉" "小吉"
> sample (kuji, 1)                  # おみくじを引く
[1] "中吉"
> # おみくじの出現確率を調整
> sample (kuji, 1, prob = c (1/10, 2/10, 7/10) )
[1] "小吉"
```

おみくじを引くことをシミュレーションしてみました．最後の実行例では，各要素が抽出される割合を指定しています．prob = c(1/10, 2/10, 7/10) という引数指定がそれにあたります．要するに，おみくじの箱の中の 1/10 が大吉で，2/10 が中吉，そして残りが小吉であることを表わしているわけです．prob は probability の略で確率を，= の右辺はベクトルで割合を c() 関数で指定しています．

ここで，おみくじを仮に 10,000 回引けるものとして，シミュレーションしてみましょう．何度も同じことを繰り返す場合は復元抽出を指定する replace = TRUE を引数に追加します．そして結果をオブジェクト kuji に代入します．

```
> kuji <- sample (kuji, 10000, rep = T,  prob = c(1/10, 2/10, 7/10) )
> (z <- table (kuji) )
kuji
小吉 大吉 中吉
7002  963 2035
> barplot (z)
```

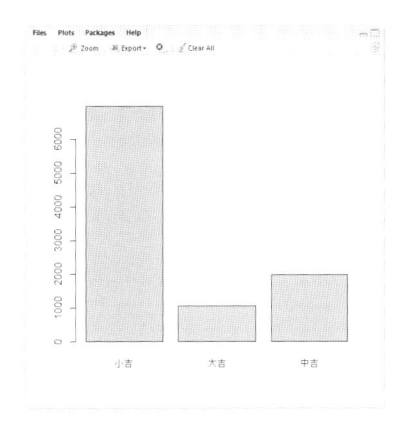

図 2.6　おみくじの結果を棒グラフで表現

　ある現象が何回出現したかを示す表を，特に頻度表といいます．Rで頻度表を出力するのがtable()関数です．小吉が7,002回，中吉が2,035回，大吉が963回出現しています．これはprob引数に指定した割合とほぼ一致します．「ほぼ」という意味は，乱数を使ったシミュレーションでは，理論的な割合と実際の割合が一致するわけではありません．かならず誤差があります．しかし誤差を無視すると，ほぼ指定された割合通りになっていることがわかります．頻度の比較は，数値よりもグラフにした方がわかりやすいでしょう．そこで棒グラフを作成するbarplot()関数に頻度表を指定して実行したのが図2.6です．

　RStudioでは，図2.6は画面右下のプロット・パネルに表示されます．画像の保存方法や調整については，第4章で詳細に説明します．

2.6　データ型とデータ構造

　Rのオブジェクトについてはすでに説明しました．またオブジェクトの種類としてベクトルがあることも述べました．他にも複数の種類のオブジェクトがあり，いずれもデータを処理するのに適切な構造となっています．始めにデータ型について説明し，このデータ型にもとづくデータ構造について説明します．この二つは異なる概念ですが，実際には，それほど気にする必要

はないでしょう．

2.6.1 データ型

最初に基本となるデータの形式（種類）について述べます．

数値

まず数値を表すデータがあります．これには大きく二つがあります．

```
> # 実数
> (x <- 1)
[1] 1
> typeof (x)
[1] "double"
> # 整数
> (y <- 1L)
[1] 1
> typeof (y)
[1] "integer"
```

　数値はデフォルトでは実数として扱われますが，整数に"L"を付けると内部処理の上でも整数(integer)として扱われます．ただし，実際にはこの区別を意識する必要はないでしょう．ただ知識として知っておいて下さい．

　他に複素数を定義できます．次のようにします．

```
> (x <- 1 + 2i)
[1] 1+2i
```

複素数では実部と虚部を"+"で分けて定義します．虚部の方では数値の後ろにiを必ず付けます．

文字

　文字ないし文字列は引用符("あるいは')で囲んで代入します．もちろん日本語を扱うこともできます．

```
> x <- 'あいう'
> y <- "DEF"
```

　Rに組み込みの定数としてアルファベットの大文字，小文字があります．

```
> LETTERS
 [1] "A" "B" "C" "D" "E" "F" "G" "H" "I" "J" "K" "L" "M" "N" "O" "P" "Q" "R"
[19] "S" "T" "U" "V" "W" "X" "Y" "Z"
> letters
 [1] "a" "b" "c" "d" "e" "f" "g" "h" "i" "j" "k" "l" "m" "n" "o" "p" "q" "r"
[19] "s" "t" "u" "v" "w" "x" "y" "z"
```

それぞれ 26 個の要素からなるベクトルです．ちなみに，次のようにすると，26 個の文字を要素とするベクトルを一つに統合することができます．

```
> paste (LETTERS, collapse = "")
[1] "ABCDEFGHIJKLMNOPQRSTUVWXYZ"
```

paste() 関数については 81 ページで説明しますが，任意の文字列を作成することができる関数です．逆に，結合した文字列を個々の文字に分けるには次のようにします．strsplit() 関数については 88 ページで解説します．

```
> strsplit (x, "")
[[1]]
[1] "あ" "い" "う"
```

因子

因子は，たとえば男女，所属クラスなどを表すのに適切なデータ形式です．

```
> x <- c ("男", "女")
> x
[1] "男" "女"
> class (x)
[1] "character"
> xf <- as.factor (x)
> xf
[1] 男 女
Levels: 女 男
> class (xf)
[1] "factor"
```

文字列を as.factor() 関数で因子に変換します．因子は出力では文字列として表示されますが，内部では整数値として処理されています．

```
> str (xf)
 Factor w/ 2 levels "女","男": 2 1
```

str() 関数はオブジェクトの内部構造を表示する関数です．この場合オブジェクト xf には二つのレベル（水準）があり，表示としては"女"，"男"ですが，内部的にはそれぞれ 2 と 1 が割り当てられているのがわかります．コンピュータの内部処理では，文字列よりは整数のほうがはるかに効率的です．そのため因子を使うと，データが大きい場合でも効率的な処理ができます．

論理値

論理値とは TRUE と FALSE の二つのことです．たとえば x に 5 を代入しているとします．この場合，x の指す数値が 3 以上かどうかを以下のように調べることができます．3 以上であれば TRUE が返り値となります．

```
> x <- 5
> x >= 3
[1] TRUE
```

>= は「以上」であるかどうかを調べる演算子です．比較を行う演算子という意味で，比較演算子ということもあります．他に次のような演算子があります．

```
> x <- 1:5
> x <= 3; x < 3; x > 3; x == 3; x != 3
[1]  TRUE  TRUE  TRUE FALSE FALSE
[1]  TRUE  TRUE FALSE FALSE FALSE
[1] FALSE FALSE FALSE  TRUE  TRUE
[1] FALSE FALSE  TRUE FALSE FALSE
[1]  TRUE  TRUE FALSE  TRUE  TRUE
```

5 つの比較演算子を使った式をセミコロン (;) で区切って 1 行にまとめて実行しましたので，出力は 5 行になっています．各行は，ある比較演算子を x に適用した結果になっています．最後の 2 行は == と != の結果ですが，前者は「等しい」かどうかを，後者は逆で「等しくない」かどうかを調べる演算子です．「イコール」をプログラミング言語では = で表さないことに注意して下さい．最後の出力は真ん中だけ FALSE になっています．ベクトルの真ん中の要素が 3 であり，等しいからです．

また R の便利な特徴として，論理値を計算できることがあげられます．す

なわち計算を行う演算子や関数に，論理値を適用するとTRUEは1と，またTRUEは0とみなして計算処理を行うのです．たとえばベクトルxに3以上の要素が何個あるかを調べるには以下のように実行することができます．

```
> sum (x >= 3)
[1] 3
```

sum() 関数にベクトルそのものではなく，ベクトルに比較演算子を適用した式を引数として与えていることに注意して下さい．

比較演算子が適用できるのは数値だけでありません．

```
> y <- c ("A", "B", "C")
> y == "B"
[1] FALSE  TRUE FALSE
```

ベクトルから複数の候補に該当する文字列を抽出したい場合があります．たとえば文字を要素とするベクトルから，"AB"か"B"と一致する位置（添字）を知りたいとします．

```
> z <- c ("A", "B", "O", "AB", "A", "B", "O", "AB")
> z == c ("AB", "B")
[1] FALSE  TRUE FALSE FALSE FALSE  TRUE FALSE FALSE
```

これは期待した出力とは異なります．比較演算子の右辺に指定したオブジェクトがベクトルの場合，左辺のベクトルの長さにあうようにリサイクルされます．つまり右辺は以下の最初のコードのように展開され，オブジェクトzの対応する位置の文字列との比較が行われるのです．

```
> z == c ("AB", "B", "AB", "B", "AB", "B", "AB", "B")
[1] FALSE  TRUE FALSE FALSE FALSE  TRUE FALSE FALSE
```

すなわち一致しているのはzの最初から2番目と後ろから3番目だけという結果になります．複数の要素のいずれか一致していればよいという処理を行うには == ではなく，%in% を使います．

```
> z %in% c ("AB", "B")
[1] FALSE  TRUE FALSE  TRUE FALSE  TRUE FALSE  TRUE
> sum ( z %in% c ("AB", "B") )      # 一致する要素数
[1] 4
```

```
> which ( z %in% c ("AB", "B") )        # 一致する要素の番号
[1] 2 4 6 8
```

sum() 関数に比較演算子を適用すると，該当する要素の数を調べることができます．またwhich() 関数の引数として実行すると，該当する位置（添字）がわかります．

なお2.2節（30ページ）で，犬を表すベクトルから，犬種がコーギーである犬の名前を表示させるという課題が残っていました．以下のように実行すれば，結果が得られます．

```
> dogs [names (dogs) %in%  "コーギ"]
  コーギ    コーギ
"チョコ"   "ナナ"
```

2.6.2　データ構造

ここからはデータ構造について説明します．

データフレーム

Rでもっとも重要なデータ構造です．統計解析でよく利用されるデータ形式を反映しているからです．いわゆる表計算ソフトでのワークシートに相当します．単純な例としてRに組み込まれているsleepオブジェクトを取り上げます．

```
> head (sleep)
  extra group ID
1   0.7     1  1
2  -1.6     1  2
3  -0.2     1  3
4  -1.2     1  4
5  -0.1     1  5
6   3.4     1  6
```

これは二つの睡眠薬による睡眠効果の差を調べたデータです．head() 関数にデータフレームを適用すると最初の6行分のデータを表示してくれます．左端にあるのは行番号で，これは出力の際に加えられる情報であり，データそのものには含まれていません．隣のextraは効果で単位は時間です．次

の group は薬の種類で 1 と 2 で分類されます．ID は被験者を識別するナンバーです．

データフレームを要約する関数に summary() 関数があります．

```
> summary (sleep)
     extra           group        ID
 Min.   :-1.600     1:10     1      :2
 1st Qu.:-0.025     2:10     2      :2
 Median : 0.950              3      :2
 Mean   : 1.540              4      :2
 3rd Qu.: 3.400              5      :2
 Max.   : 5.500              6      :2
                             (Other):8
```

extra は数値データとして要約されています（この内容については 132 ページで説明します）．一方 group と ID は因子なので，数値要約は意味ありません．代わりに頻度（出現回数）がまとめられています．ID の最後の (Other):8 というのは，他にも 7,8,9,10 という ID がそれぞれ 2 件づつ，合計 8 件あることを意味しています．

通常データフレームは CSV 形式などのファイルを読みこんで作成します．ファイルの読み込みについては 194 ページで述べます．

ここではデータフレームをコードで生成する方法について簡単に述べます．

```
> x <- data.frame (Num = 1:5, Cha = LETTERS[1:5])
> x
  Num Cha
1  1   A
2  2   B
3  3   C
4  4   D
5  5   E
> x $ Num
[1] 1 2 3 4 5
> x $ Cha
[1] A B C D E
Levels: A B C D E
```

データフレームは data.frame() 関数に引数としてベクトルを与えて生成

します．この際 = の左辺が列名になります（引用符は不要です）．

データフレームでは列ごとに個別にアクセスすることもできます．データフレーム全体のオブジェクト名に $ を挟んで列名を続けます．前後にスペースは不要ですが，上の実行例ではあえて半角スペースを加えています．なお文字列を要素（列）として与えてデータフレームを初期化（生成）すると，強制的に因子に変換されます．最後の x $ Cha の実行結果では，アルファベット大文字が因子として処理されています．

$ は新規に列を追加する場合にも利用できます．ただし新規に追加するベクトルの要素数と，既存のデータフレームの行数は一致していなければなりません．データフレームの行数および列数は，それぞれ nrow() 関数と ncol() 関数で求めることができます．

```
> x $ New <- c ("あ", "い", "う", "え", "お")
> nrow (x)            # 行数
[1] 5
> ncol (x)            # 列数
[1] 3
> x
  Num Cha New
1   1   A   あ
2   2   B   い
3   3   C   う
4   4   D   え
5   5   E   お
> str (x)             # 構造を確認
'data.frame':   5 obs. of  3 variables:
 $ Num: int  1 2 3 4 5
 $ Cha: Factor w/ 5 levels "A","B","C","D",..: 1 2 3 4 5
 $ New: chr  "あ" "い" "う" "え" ...
```

新規にあ行の平仮名を追加しました．str() 関数の出力で $ Cha の後ろには Factor とあるので因子化されていることがわかります．しかし後から追加した $ New の方は，chr と表示されています．これは文字列という意味です．既存のデータフレームに後から文字列ベクトルを追加した場合，因子には変換されず，文字列のままであることに注意して下さい．

データフレームは行と列の2次元のデータです．そこで行数と列数を指定

2.6 データ型とデータ構造　45

して要素を取り出す方法もあります.

```
> x [1:3, c (1,3)]
  Num New
1  1   あ
2  2   い
3  3   う
```

データフレームの1行目から3行目について，1列目と3列目の要素だけを抽出しています．角括弧の中にカンマを挟んで前半が行の指定，後半が列の指定になっていることに注意して下さい．オブジェクトから特定の位置の要素だけ取り出す仕組みが添字でした．添字は連番であればコロン（：）を使って指定できますが，そうでない場合はc()関数に番号をカンマで挟んで指定します．また添字の前にマイナス(-)を加えると，その行番号ないし列番号だけを省くことができます．

```
> x [1:3, -2]       # 2 列目をのぞく
  Num New
1  1   あ
2  2   い
3  3   う
```

行や列のことを次元ということもあります．行が1次元，列が加わると2次元になるという意味です．次元のあるデータ構造に対しては，添字を使って該当する要素を抽出することができるわけです．

行列

行列は要素を規則的に並べた表のようなものです（数値以外の行列も作成できます）．ただし要素はすべて同一のデータ型です．データフレームのように，数値の列と因子の列を混在させることはできません．

行列はmatrix()関数で作成します．

```
> # 列優先
> (x <- matrix (1:9, ncol = 3))
     [,1] [,2] [,3]
[1,]   1    4    7
[2,]   2    5    8
[3,]   3    6    9
```

第 1 引数に指定されたベクトルを，ncol 引数で指定された列数に展開しています．この際，列を優先に要素が埋め込まれていくことに注意して下さい．つまり，まず第 1 列目において上から下に要素が代入され，続いて第 2 列目において，やはり上から下に代入されていきます．以下同様です．

これを行優先に変えたい場合は引数 byrow に TRUE を指定します．

```
> # 行優先
> (y <- matrix (1:9, ncol = 3, byrow = TRUE))
     [,1] [,2] [,3]
[1,]    1    2    3
[2,]    4    5    6
[3,]    7    8    9
```

行列オブジェクトを生成する場合，行×列数に等しい数の要素を指定する必要があります．ただし R にはリサイクルという仕組みがあるので，要素が足りなくなると自動的に補います．このとき，データとして渡された要素の数が，行列に必要な要素数の倍数になっていない場合は，警告が表示されます（行列は生成されます）．

```
> # 要素数が指定行・列数の倍数ではない
> (z <- matrix (c (2,5,7), nrow = 2))
     [,1] [,2]
[1,]    2    7
[2,]    5    2
警告メッセージ:
In matrix(c(2, 5, 7), nrow = 2) :
  データ長 [3] が行数 [2] を整数で割った、もしくは掛けた値ではありません
```

行列では転置という処理を行うことがあります．t() 関数を使います．

```
> (x <- matrix (1:9, ncol = 3))
     [,1] [,2] [,3]
[1,]    1    4    7
[2,]    2    5    8
[3,]    3    6    9
> t(x)
     [,1] [,2] [,3]
[1,]    1    2    3
[2,]    4    5    6
[3,]    7    8    9
```

配列

　配列 (array) は，多次元のデータ構造を表現するオブジェクトです．R にはヨーロッパ人の髪と眼の対応を調べたデータがあります．これは 3 次元の配列オブジェクトです．

```
> HairEyeColor
, , Sex = Male

       Eye
Hair    Brown Blue Hazel Green
  Black    32   11    10     3
  Brown    53   50    25    15
  Red      10   10     7     7
  Blond     3   30     5     8

, , Sex = Female

       Eye
Hair    Brown Blue Hazel Green
  Black    36    9     5     2
  Brown    66   34    29    14
  Red      16    7     7     7
  Blond     4   64     5     8
```

　簡単にいうと，4 行 4 列の行列（これは 2 次元）が複数（このデータでは 2 枚）統合されたデータです．2 次元では行に髪の色 (Hair) が，また列に眼の色 (Eye) がとられています．これが性別ごとに集計されています．すなわち 3 次元目は性別の区別です．

　このデータから，たとえば女性 (Female) のデータだけ取り出したい場合は次のように添字を使います．このデータでは 3 次元に "Sex" という名前が付けられているので，その水準名 (Female) を利用します．

```
> HairEyeColor [ , , Sex = "Female"]
       Eye
Hair    Brown Blue Hazel Green
  Black    36    9     5     2
  Brown    66   34    29    14
  Red      16    7     7     7
  Blond     4   64     5     8
```

これは HairEyeColor [, , "Female"] と実行しても構いません．さらには数値（順番）を使って，HairEyeColor [, , 2] とすることもできます．
　ちなみに次のようにすると，各行で水準が "Black" である該当者数が表示されます．

```
> HairEyeColor ["Black" , , ]
       Sex
Eye     Male Female
  Brown   32    36
  Blue    11     9
  Hazel   10     5
  Green    3     2
```

　この他に，R にはタイタニック号の生存者を表す 4 次元配列 Titanic などが組み込まれています．

リスト

　リストはやや複雑なデータ構造です．ここまでベクトル，データフレーム，行列，配列について説明しましたが，リストはそれらのオブジェクトを一つの要素として混在させることのできるオブジェクトです．ユーザー自身がリストを作成する機会は少ないと思いますが，R のデータ解析関数の返すオブジェクトの多くがリスト形式であるため，リストを操作する知識は必要です．
　ここでは後の 219 ページで説明する回帰分析の結果を代入したオブジェクトをみてみましょう．

```
> x <- lm (dist ~ speed, data = cars)
> str (x)
List of 12
 $ coefficients : Named num [1:2] -17.58 3.93
  ..- attr(*, "names")= chr [1:2] "(Intercept)" "speed"
 $ residuals    : Named num [1:50] 3.85 11.85 -5.95 12.05 2.12 ...
  ..- attr(*, "names")= chr [1:50] "1" "2" "3" "4" ...
... 中略
 - attr(*, "class")= chr "lm"
> x [[1]]
(Intercept)       speed
```

```
 -17.579095    3.932409
> x $ coefficients
(Intercept)       speed
 -17.579095    3.932409
```

lm() 関数による回帰分析については，219 ページで説明します．ここでは車の速度と停止するまでの距離の関係を統計学的に説明する方法だとしておきます．この場合，停止距離 = 切片 + 係数 × 速度という式が算出されます．また誤差や推定値などについても求められ，リスト形式で出力されます．出力の内容は多岐に及びますが，これを一つにまとめて返すのにリストは便利です．上の出力から，回帰分析の返すオブジェクトは 12 個の要素を含むリストであるとわかります．リストの要素にアクセスするには，添字を使うか要素名を使います．ただし他のオブジェクトの場合と違って，リストの場合には角括弧を二重にして使います．

上の実行例では x [[1]] はリストの最初の要素にアクセスします．切片 (Intercept) は −17.579095 で，速度の係数は 3.932409 と求められています[1]．

ちなみに，この要素自体は，以下の出力が示すように単純な（名前付き）ベクトルです．

```
> str (x [[1]])
 Named num [1:2] -17.58 3.93
 - attr(*, "names")= chr [1:2] "(Intercept)" "speed"
```

そこでリストの最初の要素の，その最初の要素にアクセスする場合は次のように添字を重ねます．

```
> x [[1]][1]
(Intercept)
  -17.57909
```

すなわち切片だけを取り出すことができました．回帰オブジェクトの要素には名前が付けられているので，次のようにアクセスすることもできます．

```
> x $ coefficients [1]
(Intercept)
```

---

[1] なお R には係数を出力する coef() 関数がありますので，coef(x) と実行しても同じ結果が得られます．

```
-17.57909
```

なお，オブジェクトがリストであるかどうかを調べるには is.list() 関数を使います．

```
> is.list (x)
[1] TRUE
```

TRUE が出力されれば，オブジェクトはリストであるということです．

同じように is.vector() 関数や is.data.frame() 関数といった関数が備わっていることも覚えておいて下さい．

```
> is.vector (LETTERS)
[1] TRUE
> is.data.frame (iris)     # iris はあやめのデータ
[1] TRUE
```

第3章
Rでのプログラミング

本章ではプログラミングの基礎を学びます．具体的には，条件を判定して処理を分ける方法や，類似の処理を指定回数繰り返す方法を学びます．また独自に関数を作成する方法を説明します．

3.1 条件文

簡単な例として，オブジェクトxが5未満かどうかを判定し，判定結果を表示するプログラムを書いてみましょう．

```
> x <- 8
> if (x < 5) print ("はい") else  print ("いいえ")
[1] "いいえ"
```

if() 関数は，英語の「もしも」に対応します．丸括弧内には**条件式**を書きます．条件式とは，評価するとTRUEかFALSEのいずれかが返り値となる式のことです．すなわち条件が満たされた場合（返り値がTRUEの場合）だけ，続く式を実行します．条件文ではelse以下に条件が満たされない場合の式を加えることができます（省いても構いません）．また1行にまとめて書く必要はありません．むしろ適当に改行した方がコードは読みやすくなります．print() 関数は引数に指定された文字列を出力する関数です．

以下，条件式を先ほどとは逆にし，5以上かどうかを判定するようにしてみましょう．左上のスクリプトで，コードをまとめて範囲指定した上で，

Ctrl + Enter を押します．するとコードがまとめて実行されます．

```
if (x >= 5)
  "はい"
else
  "いいえ"
```

　ここでは if() 関数の後で改行し，その先頭にインデント（一定の幅のスペース）を加えました．インデントは必須ではありませんが，この方がコードがわかりやすくなります．さらに改行して，次行の先頭にelse を加えています．なお単に文字列を表示するだけであればprint() 関数は省略できます．しかし上記のコードを実行すると，Rではエラーになります．

```
> if (x >= 5)
+   "はい"
[1] "はい"
> else
 エラー：   予想外の 'else' です  ( "else" の)
>   "いいえ"
[1] "いいえ"
```

　他のプログラミング言語とは異なり，Rではelseを行頭に置くことはできないのです．そこで，以下のように波括弧でくくります．

```
if (x >= 5) {
  "はい"
} else {
  "いいえ"
}
```

　if() 関数を使ったコードでは，このように条件が TRUE のときの式と，FALSE の場合の式を，それぞれ波括弧にまとめて書くのが普通です．
　判定の条件を複数並べることも可能です．else if () を必要なだけ追加します．

```
> x <-  11
> if (x <= 5) {
```

```
+     "5 以下です"
+ } else if (x <= 10){
+     "5 より大きく 10 以下"
+ } else  {
+     "10 を越えます"
+ }
[1] "10 を越えます"
```

ところでRはベクトルを扱うことができる言語でした．では条件部分にベクトルを指定するとどうなるでしょうか．

```
> x <- 1:10
> if (x < 5) print ("x < 5") else  print ("x >= 5")
[1] "x < 5"
 警告メッセージ：
In if (x < 5) print("x < 5") else print("x >= 5") :
    条件が長さが 2 以上なので，最初の一つだけが使われます
```

オブジェクト x には 1 から 10 までの整数が代入されています．これを if() 関数に指定すると，最初の 1 個，つまり 1 だけが評価されて，x < 5 が表示されています．そして最後に，ベクトルの最初の要素だけが使われたという警告が表示されています．

ベクトル全体に条件式をあてはめて実行する場合には ifelse() 関数を使います．

```
> ifelse (x > 5, "YES", "NO")
 [1] "NO"  "NO"  "NO"  "NO"  "NO"  "YES" "YES" "YES" "YES" "YES"
```

ただし ifelse() 関数は，実際には条件にあった場合だけ処理を行なうのではなく，実はベクトルのすべて要素について，条件が真の場合と偽の場合，両方の処理を行なった上で，条件式にあてはまる結果だけを返します．

```
> y <- ifelse (x > 5,
+         {cat ("YES"); print (x / 10) },
+         {cat ( "NO"); print (x * 10) }
+         )
YES [1] 0.1 0.2 0.3 0.4 0.5 0.6 0.7 0.8 0.9 1.0
NO [1]  10  20  30  40  50  60  70  80  90 100
> y # コードの意図は 5 より大きい値だけ 10 で割ることだった
 [1] 10.0 20.0 30.0 40.0 50.0  0.6  0.7  0.8  0.9  1.0
```

ここでは x の各要素について条件を満たしていれば "YES" と表示して 10 で割った結果を表示し,さもなければ "NO" と表示して 10 倍した結果を表示しています.ところが関数を実行してみると,"YES" の右に x の要素すべてを 10 で割った結果が表示された後,次の行では "NO" の横に,すべてを 10 倍した結果が表示されています.

この出力から ifelse() 関数は,x のすべての要素を 10 で割る処理と,10 倍する処理を行っていることがわかります.ただし,実行結果としては 5 以下の要素については 10 倍し,5 を超える要素は 10 で割ったベクトルを返していることがわかります.ちなみに y に代入されているベクトルの前半は 10 倍した結果ですが,後半は 10 で割った結果になっています.このコードの背後では y <- print (x) に相当する処理が行われています.print() 関数は,引数を出力する関数ですが,引数の内容をそのまま返します.つまり x の中身がそのまま y に代入されます.最初に x / 10 の結果が保存され,続いて x * 10 の結果のうち x < 5 に該当する要素だけが置き換えられているのです.このように条件式にベクトルを指定すると,一見不可解な結果が生じることがありますので,注意が必要です.

ifelse() 関数で処理に複数の式を指定したい場合は,上にあるように波括弧{}で複数のコードを並べることができます.

---

cat() 関数と print() 関数:
どちらもコンソールに出力する関数ですが,出力が異なることに気を付けてください.前者では引数としてオブジェクトを含めることができ,出力では文字列から引用符が省略されます.また出力で改行する場合は,¥n を挿入する必要があります[1].後者では自動的に改行がなされます.

条件として指定された値ごとに異なる値を返す関数としては,他に switch() 関数があります.

---

[1] 円マーク(R ではバックスラッシュ(\)として表示されます)の後にアルファベットを使った表記は,ASCII 制御文字といわれます.これはコンピュータ内部で改行やタブなど,人間の目にはみえない要素を指定するための表記方法です.

```
> x <- 2
> y <- 3
> z <- "*"
> switch (z,
+        "+" = {print ("足し算を実行します") ; x + y},
+        "-" = {print ("引き算を実行します") ; x - y},
+        "*" = {print ("掛け算を実行します") ; x * y},
+        "/" = {print ("割り算を実行します") ; x / y},
+        "加減乗除だけできます")
[1] "掛け算を実行します"
[1] 6
```

第1引数には条件を指定します．上の例であればzですが，このオブジェクトは文字列である"*"を指しています．第1引数に続くのが実行すべき式です．ここでは五つのコードが改行されて並んでいます．実行されるのは，この中のいずれか一行だけです．これら5行の先頭には文字列があり，=記号を挟んで，右側の波括弧（{}）内にあるのが実行式です．ここではセミコロン（;）を挟んで二つの実行式を指定していますが，式が一つだけであれば波括弧は省略できます．=記号の左，つまり左辺の文字列の内容が，第1引数（上の実行例ではz）と一致する行の式だけが実行されます．もしも，いずれの実行式も条件が一致しない場合は，デフォルトの式が実行されます．デフォルトの実行式は，要するに=のない行であり，この場合は"加減乗除だけできます"というメッセージを表示します．半角記号のいずれかとは異なる文字列がzに入っていた場合は，このデフォルトの式が実行されます．念のために付け加えると，全角の"＋""－""＊""／"は，半角の+, -, *, /とは異なる記号として扱われることに注意して下さい．上の実行例ではデフォルトの処理を最後においていますが，これは他の位置に書くこともできます．しかしコードのわかりやすさを考慮するならば，最後においたほうがいいでしょう．なおデフォルトの処理は一つだけしか指定できません．

3.1.1　繰り返し

プログラミング言語で繰り返しとは，たとえばベクトルから要素を一つずつ取り出しては表示するような処理のことです．

```
> for (i in 1:5) {
```

```
+   cat (i, "回目の実行\n")
+ }
1 回目の実行
2 回目の実行
3 回目の実行
4 回目の実行
5 回目の実行
```

for() 関数では in キーワードの前に回数を記録するオブジェクト（ここでは i）を指定しています．すると in キーワードの後に指定されたベクトルの最初から要素が一つずつ取り出されて，i に代入されます．これをベクトルのすべての要素について繰り返します．指定するベクトルは文字列でも構いません．

```
> for (i in c ("春", "夏", "秋", "冬") ){
+   print (i)
+ }
[1] "春"
[1] "夏"
[1] "秋"
[1] "冬"
```

このような繰り返し処理は**ループ**とも呼ばれます．

前章で 1 から 100 までの整数の合計を sum() 関数を使って求めました．これを for() 関数を使って求めてみましょう．

```
> x <- 1:100
> i <- 0
> for (j in x){
+   i <- i + j
+ }
> i
[1] 5050
```

for() 関数の中で足し算を積み重ねた結果を保存するために，あらかじめ i というオブジェクトを用意しています．そしてループの中で，i の中身を上書きして，更新するわけです．ただし R で数値ベクトルの処理を行う場合，sum() 関数のようなベクトル単位で演算する関数が用意されており，こちらの方が効率的です．

ループを表現する構文としては，他に while() 関数があります．

```
> i <- 0
> while (i < 100){
+   i <- i + 1
+ }
> print (i)
[1] 100
```

　while() 関数では引数に条件式を指定しています．for() 関数との違いは，for() 関数では指定されたベクトルから要素を一つずつ取り出すという処理が行なわれました．すなわち繰り返しを行なう回数が，引数に指定されたベクトルの要素数によって決まっていました．ところが while() 関数では，何回繰り返しが行なわれるのか，引数で指定されていません．上の実行例では，i が 100 になるまで続けることを指定していますが，i の更新方法は引数には指定されていません．そこで while() 関数の処理の部分で i を更新しています．i <- i+1 が while() 関数による繰り返しのたびに実行されることで，i が更新されていき，やがて 100 になってループが終了するのです．ここで i の更新を忘れると，i は永遠に 0 のままとなり，while() 関数はいつまで経っても終了しないことになります．これを**無限ループ**と呼び，プログラムだけでなく，コンピュータそのものが異常終了する原因となりかねませんので，細心の注意が必要です．

　ループの実行中に，ある条件が満された場合にループを終了する，あるいはループをスキップする方法があります．それには next や break と条件式を組み合わせます．

```
> i <- 0
> while (i < 100){
+   i <- i + 1
+   if (i %% 10 != 0) next
+   if (i %% 90 == 0) {
+     cat ("\n")
+     break
+   }
+   cat (i, "\t")
+ }
10  20  30  40  50  60  70  80
```

このコードの目的は，i が 10 の倍数になったときだけ画面に表示し，さらに 90 になったら，そこでループを打ち切ることです．i が 10 で割り切れるかどうかは %% 演算子を使って調べます．この演算子は余りを求めます．割り切れる場合，結果は 0 となります．この演算結果が 0 と一致しないときは割り切れません．なので以下の処理をスキップして次の繰り返しに進みます．これは条件式の後に next を指定します．また i が 90 になったら，そこでループを打ち切ります．ここでも %% 演算子を使いましたが，これは i >= 90 で指定してもよいでしょう．90 以上になったら，画面を改行する処理 cat("\n") を実行した後で，break を実行して，ループを中断しています．

3.1.2 応用

ここでループを使った応用を行ってみましょう．サイコロを 100 回ふって，出た目の合計を求めます．さらに，これを 1,000 回行なったとして，その平均を求めてみます．

```
> set.seed (1)
> x <- 1:6
> res <- numeric (1000)          # 1000 個の値を入れる用意
> for (i in 1:1000) {
+   tmp <- sample (x, 100, replace = TRUE) # サイコロを 100 回ふる
+   res [i] <- sum (tmp)         # その合計を代入
+ }
> mean (res)
[1] 349.698
```

ごくごく単純な例ではありますが，これも立派なシミュレーションです．本来 sample() 関数はランダムな結果を返しますので，以上の結果は実行するたびに異なります．ここでは最初に set.seed() 関数を指定して，乱数のタネを設定しています．繰り返しのたびに res に i を添字として指定して，結果を保存します．i はループのたびに一つずつ数値が増えていきますので，結果として res に 1,000 個の異なる数値が代入されることになります．

3.1 条件文

乱数：
シミュレーションでは乱数を使った実験が行われます．たとえばsample() 関数は指定された集合の中から，乱数を使って，任意の要素を取り出します．すなわち，実行するたびに抽出される要素は異なり，また予測もできません．R には乱数を出力する関数がいくつかあります．runif() 関数は 0 から 1 までの実数から任意の数値を抽出します．

```
> runif (1)
[1] 0.3738588
> runif (3)
[1] 0.9609799 0.3764698 0.5750343
```

しかしながら，シミュレーションの結果を再現したい場合があります．実はコンピュータは，あらかじめ乱数の集合を生成して，そこから数値を取り出しています．この集合をユーザーの側で指定することで，毎回，同じ結果を取り出すことができるようになります．逆にいえば，コンピュータが生成する乱数は真の意味でのランダムな数値ではないことになります．本当の乱数であれば，再現は不可能なはずです．そこで**疑似乱数**といういい方をします．set.seed() 関数に引数として適当な整数を指定すると乱数の集合を用意できます．再度同じ整数を引数に与えて実行すると，同じ乱数の集合が得られるので，シミュレーションを再現できるようになるのです．この整数を**タネ**(seed) ともいいます．

```
> set.seed (123) # タネを設定．整数そのものに意味はない
> runif (1)
[1] 0.2875775
> runif (3)
[1] 0.7883051 0.4089769 0.8830174
> set.seed (123) # 同じ整数をタネとして設定
> runif (1)         # 上と同じ乱数が抽出される
[1] 0.2875775
> runif (3)
[1] 0.7883051 0.4089769 0.8830174
```

なお上の実行例では，最初に numeric() 関数に 1000 を指定して，1,000 個

の 0 からなるベクトルとして res を初期化しています．これは一見不要な処理に思えるかもしれませんが，ベクトルの長さ（要素数）があらかじめわかっている場合は，その大きさのベクトルを初期化しておくほうが，後の処理が効率的になります．具体的には処理速度に差が出てきます．

平均値と大数の法則：

サイコロを何度もふった場合，出る目の平均は 3.5 です．これは以下のコードで確認できます．

```
> 1 * 1/6 + 2 * 1/6 + 3 * 1/6 + 4 * 1/6 + 5 * 1/6 + 6 * 1/6
[1] 3.5
> # あるいは
> x <- 1:6 ; sum (x * (1/6))
```

サイコロの各面が出る確率はいずれも 1/6 です．この確率を，サイコロのすべての面の数値に掛けて，合計した結果が 3.5 です．このようにある事柄が起こる確率と，その結果として生じる数値をすべて掛けて，足し合せた数値を**期待値**といいます．期待値は，**平均値**とも呼ばれます．数式を使うと以下のようになります．

$$E(X) = \frac{1}{N} \sum_{i=1}^{N} p(X_i) X_i \tag{3.1}$$

左辺の $E()$ は期待値 (expectation) を意味しています．$\sum_{i=1}^{N}$ は，この右にある $p(X_i) X_i$ という式を，i を $1, \ldots, N$ と変えながら合計すること意味しています．サイコロでは $N = 6$ です．$p(X_i)$ は，その右の X_i が出現する確率を意味します．たとえば $p(X_2) X_2$ であれば，サイコロを振って 2 が出る確率 1/6 をサイコロの目 2 と掛けます．この計算をサイコロの他の目についても行なって足し合わせるわけです．

ただし，実際にサイコロをふる場合は，偶然の要因がさまざまに重なりますので，その平均値がピッタリ 3.5 になるとは限りません．以下は，サイコロを 1 万回振って，その平均値を求めるコードです．

```
x <- 1:6
```

```
y <- sample(x, 10000, replace = TRUE)
> mean (y)
[1] 3.4908
```

もっともサイコロをふる回数を限りなく増やしていくと，平均値は 3.5 にどんどん近づいていきます．これを統計学では**大数の法則**と呼びます．先ほどサイコロを 100 回振った合計の平均を求めてみると，3.5 を 100 倍した値に近づくのも，大数の法則から理解できます．

3.2 関数の作成

R では関数を実行することで処理が行なわれます．特に R にはデータ処理や統計処理に特化した関数が多数用意されています．しかしながら，ユーザーが自身で関数を作成（定義）して，利用することも可能です．ここでは関数の作成方法を学びます．

まずは簡単にメッセージを表示するだけの関数を作成してみます．以下のように関数を定義します．

```
myName <- function (){
  print ("石田基広")
}
```

R では関数名に続く丸括弧を省いて実行すると，その関数の定義を確認することができます．関数を実行してみます．

```
> # 関数の定義を確認
> myName
function (){
  print ("石田基広")
}
> # 関数を実行してみる
> myName ()
[1] "石田基広"
```

関数を定義すると，それ以降，関数名に丸括弧を付けて実行できるように

なります.

もう少し複雑な関数を定義してみましょう.

```
myPlus <- function (x = 0, y = 1){
  x + y
}
```

引数を二つ定義し，それぞれに x と y という名前を与え，デフォルトの値として 0 と 1 を指定しています．デフォルト値を設定してはいますが，関数実行のときに別の数値を指定することができます．これを**実引数**といいます．関数の定義に表われる引数の方は**仮引数**ということがあります．実行してみます．

```
> myPlus <- function (x = 0, y = 1){
+    x + y
+ }
> myPlus ()           # x = 0, y = 1 として 0 + 1 を実行する
[1] 1
> myPlus (x = 2)      # y は 1 として実行される
[1] 3
> x <- myPlus (2, 3) # x と y の両方ともに実引数が利用される
> x
[1] 5
```

最初に関数の定義式を実行し，続いて引数なしで関数を実行しています．この場合はデフォルトの x = 0 と y = 1 を使った足し算が実行されて，その結果が表示されています．二つ目の実行では，仮引数 x に実引数として 2 を指定していますが，y は指定していないので，デフォルト値の 1 が使われます．三つ目の実行式では，仮引数の名前を省略して数値を指定していますが，自動的に x の実引数は 2 で y は 3 と判断されて，その結果がオブジェクト x に代入されます．なお，ここで代入先である x と，myPlus 関数の仮引数名である x は，名前は同じですが，別物として扱われることに注意してください．

3.2 関数の作成 63

オブジェクトの有効範囲：
オブジェクトには範囲というものがあります．たとえば以下のコードでは，最初に z <- 10 を実行し，続いて関数の内部で z <- 3 が実行されています．

```
> z <- 10
> func  <- function (){
+    z <- 3
+    print (z)
+ }
> func()
[1] 3
> z
[1] 10
```

ここで最初にオブジェクト z に 10 を代入し，続いて関数を定義し，この関数の中で z に 3 を代入して表示しています．したがって，この関数を実行すると 3 と表示されます．しかし，関数実行前に用意した z の中身は 10 のままであることに注意してください．

上の例で z は R の作業スペースに登録されています．ls() 関数を引数なしで実行すると，R を実行してから作成したオブジェクトの一覧が表示されます．このように作成したオブジェクトは**作業スペース**という環境に登録されています．R を終了しようとすると「作業スペースを保存しますか」と尋ねられますが，これは作業スペース内に作成したオブジェクトを保存して，次回 R を起動した際に自動的に復元するかどうかを尋ねているのです．

ところが関数内で定義した z は，作業スペースとは別の場所に保存されます．この場所は通常の方法ではユーザーには確認できませんが，場所が異なるため，同じ名前のオブジェクトがあっても，互いに区別することができます．関数内のオブジェクトの保存場所を R では**環境**と表現します．そしてオブジェクトが有効である範囲は，基本的にはその環境の中です．関数は作業スペースとは別の環境を持ちます．同名のオブジェクトが関数内で利用されている場合，R は関数の環境内のオブジェ

クトを優先します．上の例では 3 を代入されたオブジェクト z は関数の環境にあるオブジェクトであり，作業スペース環境で 10 を代入されたオブジェクトとは区別されるのです．ただし関数の環境からは作業スペース環境にアクセスすることができます．そのため関数の環境にオブジェクトが見当たらない場合，R はその外，つまり作業スペース環境にオブジェクトを探しにいき，その環境に登録されているオブジェクトを利用することもできます．

3.3 応用

　ここで少しだけ凝ったプログラミングをしてみましょう．3.1.2 項でサイコロをふるシミュレーションを行ないました．ここで改めてサイコロをシミュレーションする関数を作成してみます．通常のサイコロは 1 から 6 まで面がありますが，20 面というサイコロもあります．そこで関数の実行時に，サイコロの面の数を指定できるようにしてみます．さらにはサイコロをふる回数も指定します．
　さて，ここで RStudio の**関数抽出機能**を使ってみましょう．まず以下のようなコードをスクリプトに書きます．

```
sample (x = 1:face, size  = toss, rep = TRUE)
```

　sample() 関数の第 1 引数 x には 1 から face で指定された整数までの数列を指定することを意図しています．また size は toss で指定された回数だけサイコロをふることを指定します．
　このコードを関数化するため，コード全体を範囲指定してから，パネル上の虫眼鏡アイコンの横にある**コードツール**を押します．

3.3 応用

[スクリーンショット: RStudioのポップアップメニューで「Extract Function」を選択する様子]

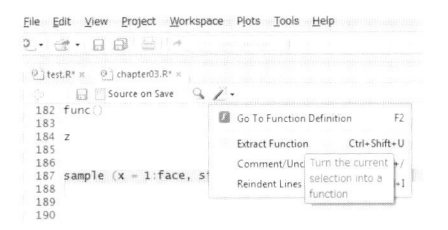

上の図のポップアップメニューが現れますので,「Extract Function」を選びます. 関数名を指定するためのダイアログが表示されますので, ここでは「dice」と入力して「OK」を押します. すると, 仮引数が自動的に設定されますので, そのまま OK を押します.

[スクリーンショット: Extract Function ダイアログに「dice」と入力]

結果として以下の関数が作成されます.

```
dice <- function (face, toss) {
   sample (x = 1:face, size = toss, rep = TRUE)
}
```

実行してみましょう.

```
> dice (6, 10)
[1] 2 3 4 6 2 6 6 4 4 1
```

6 面のサイコロ (つまり普通のサイコロ) を 10 回 (あるいは 10 個を同時に) ふった結果がシミュレーションされています. sample() 関数は内部で乱数を使っており, 実行のたびに異なる結果が表示されるはずです.

これでもサイコロのシミュレーションとしては十分使えますが, もう少し工夫してみましょう. というのは, 上の定義のままだとユーザーが以下のよ

うに実行した場合，エラーになるのです．

```
> dice ()
以下にエラー   1:face   : 'face' が見つかりません
```

引数を与えないで実行してしまったわけです．このエラーの意味は関数を定義したプログラマにとっては明白でしょう．しかし時間が経過すると，関数を定義したプログラマであっても内容を忘れてしまい，エラーメッセージの内容が理解できないことがあります．まして，第三者に利用してもらうことがあるような関数の場合，エラーの予防を検討しておくのがよいプログラミング作法です．

そこで以下，エラーの予防方法をいくつか紹介しておきます．

3.3.1　エラー対策

引数が必要な関数にはデフォルト引数を指定しておくとよいでしょう．先ほどの関数定義に**デフォルト引数**を追記します．

```
dice <- function (face = 6, toss = 1){
   sample (x = 1:face, size = toss, rep = TRUE)
}
```

実行してみます．

```
> dice ()
[1] 6
> dice (to = 3)
[1] 2 4 1
```

引数なしで実行すると face に 6 が，また toss には 1 が設定されます．実行の際に，後者の引数だけを指定することも可能です．この場合 to のように略記することもできます．

ただしデフォルト引数では解決しない問題もあります．以下のように引数に 0 を指定するとどうなるでしょうか．

```
> dice (0)
[1] 1
```

3.3 応用

これはfaceに0を指定していますが，0面のサイコロというのは不合理です．しかしながらRでは1:0と展開され，これは1と0の二つを要素とするベクトルとなります．そこからデフォルト通り1個を抽出するので1か0が出力されます．これはコインの表裏をシミュレーションすることに応用できるかもしれませんが，diceという名前の関数としては適切ではないでしょう．そこで0が指定された場合，警告を表示してプログラムが停止するように修正してみます．これには関数内でstop()関数を使います．

```
dice <- function (face = 6, toss = 1){
    if ( face < 2 || toss < 1) stop ("引数が不正です")
    sample (x = 1:face, size = toss, replace = TRUE)
}
```

```
> dice (1)
以下にエラー dice(1) : 引数が不正です
```

if()関数で仮引数faceに実行時に指定された値が2より小さいか，あるいはtossの値が1以下であれば，stop()関数の引数で与えたメッセージを表示して終わるようになっています．"||"は英語のorにあたる命令です．あるいはstopifnot()関数を使って以下のようにも記述できます．チェックしたい引数をカンマを区切りとして並べておけば，エラーが生じた場合，引数のどこに問題があるのかを英文で表示してくれます．ただし上でif()関数で使った場合とは，条件の指定を反対に記述していることに注意して下さい．

```
dice <- function (face = 6, toss = 1){
    stopifnot (face > 1, toss > 0)
    sample (x = 1:face, size = toss, replace = TRUE)
}
```

```
> dice(to = 0)
 エラー : toss > 0 is not TRUE
```

試行的に小さな関数を単独で利用するのであれば，エラー処理は省いて構

わないでしょう．しかしながら，作成した関数をさらに別の関数から呼び出すなど，やや複雑な処理が想定される場合は，引数をチェックする処理を加えておくべきです．エラーが生じれば，その原因を簡単に突き止められるようになるからです．

エラーが生じるのも問題ですが，それ以上に困るのが，一見したところ正常に関数が動作したようにみえるのに，実は結果が誤っている場合です．たとえば，先ほど定義した dice() 関数で引数として 0 を指定してもエラーにはならず，1 か 0 が表示されました．関数の目的を理解しているプログラマであれば引数に 0 を使うことはないでしょうが，一般のユーザーがそのような配慮をしてくれる保証はありません．0 が指定された場合，結果を返すべきではないでしょう．

関数がこのように期待とは異なる動作をするとき**バグ**があるといいます．プログラムの不具合をバグと呼ぶのは，コンピュータが開発されたばかりの頃，機械に虫 (bug) が入り込んで挟まり誤動作を起こしたことに由来するといわれます．関数が複雑になれば，それだけバグの入り込む余地が大きくなります．

3.4 ベクトル演算

R ではベクトル単位で処理が行われると述べました．

```
> x <- 1:10
> x + 1
 [1]  2  3  4  5  6  7  8  9 10 11
```

またベクトル単位で処理を行う関数も用意されています．たとえば，合計や平均，中央値を求める関数はベクトル単位で処理を行います．

```
> sum(x)     # 合計
[1] 55
> mean(x)    # 平均
[1] 5.5
```

行列の行合計，また列合計を求める関数も用意されています．

3.4 ベクトル演算

```
> x <- matrix (1:9, nrow = 3)
> rowSums (x)
[1] 12 15 18
> colSums (x)
[1]  6 15 24
```

どちらも行列の行ごとの合計あるいは列ごとの合計を求める関数です．他のプログラミング言語では，ループを使って要素を一つずつ取り出して，加算する処理が必要なこともあります．これに対してRにはベクトル演算を行う関数が多数用意されています．行列から行合計と列合計を求めるコードを，あえて複雑にループを使って書くならば以下のようになるでしょうか．

```
> tmp <- 0
> for (i in 1:3){
+   for (j in 1:3) {
+     tmp <- tmp + x [i,j]
+   }
+   print (tmp)
+   tmp <- 0
+ }
[1] 12
[1] 15
[1] 18
> tmp <- 0
> for (i in 1:3){
+   for (j in 1:3) {
+     tmp <- tmp + x [j,i] # 行と列の添字を入れ替える
+   }
+   print (tmp)
+   tmp <- 0
+ }
[1] 6
[1] 15
[1] 24
```

　行列を効率的に処理する関数としては，他にrowMeans()関数やcolMeans()関数などもありますが，任意の関数にベクトル演算を適用するための関数が用意されています．apply()関数です．apply()関数の第1引数にはベクトルや行列，配列オブジェクトを指定します．第2引数には処理を行う次元を指

定します．1を指定すると行単位，2だと列単位となります．そして第3引数には任意の演算子ないし関数を指定します．

たとえば行列の行和ないし列和を求める処理を apply() 関数を使って書くと次のようになります．

```
> apply (x, 1, sum)
[1] 12 15 18
> apply (x, 2, sum)
[1]  6 15 24
```

apply() 関数の第3引数にはもう少し複雑な関数を指定することもできます．

```
> apply (x, 1, "+", 100)              # ＋演算子と組み合わせる
     [,1] [,2] [,3]
[1,]  101  102  103
[2,]  104  105  106
[3,]  107  108  109
> apply (x, 2, paste, "番", sep = "") # paste() とその引数
     [,1]  [,2]  [,3]
[1,] "1番" "4番" "7番"
[2,] "2番" "5番" "8番"
[3,] "3番" "6番" "9番"
> apply (x, 1, function(z){z + z*10 + z * 100}) # 無名関数
     [,1] [,2] [,3]
[1,]  111  222  333
[2,]  444  555  666
[3,]  777  888  999
```

apply() 関数の第3引数に他の演算子や関数を指定する場合，これらの演算子や関数に指定する引数を続けることができます．また第3引数として，function() 関数で独自の関数を定義してしまうことも可能です．関数を定義する場合，普通は適当なオブジェクトに代入して使いますが，利用したいときに直接定義してしまうことも可能です．これを**無名関数**といいます．もちろん，定義してから apply() 関数に適用することもできます．

```
> tmpf <-  function(z){z + z*10 + z * 100}
> apply (x, 1, tmpf)
     [,1] [,2] [,3]
[1,]  111  222  333
```

```
[2,]   444   555   666
[3,]   777   888   999
```

さらにapply()関数を拡張して，出力をベクトルやリストにまとめる関数もあります．lappy()関数やsapply()関数です．これらの関数では，第1引数の各要素に，第2引数で指定された演算を適用した結果を，リストないしベクトル形式で返します．

```
> lapply (x, "+", 1) #リスト (List) を返り値とする
[[1]]
[1] 2

[[2]]
[1] 3

... 中略

[[8]]
[1] 9

[[9]]
[1] 10

> sapply (x, "+", 1) #シンプル (simple) な返り値にする
[1]  2  3  4  5  6  7  8  9 10
```

lappy()関数やsapply()関数は，リストなどの要素ごとに処理を行うのに便利な関数です．以下では，行列二つを要素とするリストオブジェクトを作成し，それぞれの平均を求めています．

```
> (xx <- list (x1 = x, x2 = x * 10)) #行列二つを要素とするリスト
$x1
     [,1] [,2] [,3]
[1,]    1    4    7
[2,]    2    5    8
[3,]    3    6    9

$x2
     [,1] [,2] [,3]
[1,]   10   40   70
[2,]   20   50   80
```

```
[3,]    30   60   90

> lapply (xx, mean)    #リストの要素ごとの平均
$x1
[1] 5

$x2
[1] 50

> sapply (xx, mean)    # 結果をベクトルで返す
x1 x2
 5 50
```

apply() 関数を始めとして，ベクトル単位で処理を行う関数を apply 属ということがあります．lapply() 関数や sapply() 関数の他，vapply() 関数や mapply() 関数，tapply() 関数などがあります．

3.5 オブジェクト指向

ここでプログラミングのかなり高度な話題に入ります．途中で難しいなと思ったら，読み飛ばして次の節に進んで構いません．本節には，後で気が向いたときに再び挑戦してみて下さい．

Rは**オブジェクト指向**のプログラミング言語です．オブジェクト指向とは，一種のひな形を用意し，そのひな形にもとづきコードを作成していくプログラミング手法のことです．このひな形のことを**クラス**といいます．クラスというひな形にしたがったコピー（これをオブジェクトやインスタンスといいます）を作り出して利用するのがオブジェクト指向です．たとえば，鯛焼は金型に生地と餡を流しこんで作成します．ここで金型がクラスに対応します．そして，この金型から作成される個々の鯛焼がオブジェクトです．この金型からはいくらでも鯛焼を生成することができます．生成される個々の鯛焼は，それぞれ微妙にサイズや餡の量が異なっているでしょうが，クラスである金型のコピーであることに違いはありません．

Rにおいては，たとえばデータフレームは data.frame クラスのオブジェクトです．クラスは以下のように確認できます．

```
> class (iris)   # iris データのクラスを確認する
[1] "data.frame"
```

　データフレームは，行と列から構成されており，各列のサイズ（要素数）は等しくなければなりません．また各列には列名を指定することが可能です．これらの仕様がデータフレームというクラスの設計書（金型）です．この設計にもとづいて生成されたデータフレームのオブジェクトは，行数や列数が同じとは限りません．当然，列名も異なります．しかしデータフレームであることに変わりはありません．

　オブジェクト指向のプログラミングでは，オブジェクトの構造は，それぞれのクラス設計によって異なります．そこで，オブジェクトを処理する専用の関数が用意されるのが普通です．これを**メソッド**と呼びます．

　Rではデータ解析の結果が，専用のクラス設計にしたがったオブジェクトとして保存されます．解析の結果はprint()関数やplot()関数を使って表示しますが，この二つの関数に実は特別な実装はなく，単に別のメソッドを呼び出す働きを担います．すなわち引数として与えられたオブジェクトごとに用意された出力メソッドに処理を委譲するのです．このような関数を**総称関数**(generic function) といいます．総称関数が実際に呼び出すメソッドは以下のように確認することができます．

```
> methods (plot)
 [1] plot.acf*          plot.data.frame*   plot.decomposed.ts*
 [4] plot.default       plot.dendrogram*   plot.density
 [7] plot.ecdf          plot.factor*       plot.formula*
[10] plot.hclust*       plot.histogram*    plot.HoltWinters*
[13] plot.isoreg*       plot.lm            plot.medpolish*
[16] plot.mlm           plot.ppr*          plot.prcomp*
[19] plot.princomp*     plot.profile.nls*  plot.spec
[22] plot.spec.coherency plot.spec.phase   plot.stepfun
[25] plot.stl*          plot.table*        plot.ts
[28] plot.tskernel*     plot.TukeyHSD

   Non-visible functions are asterisked
```

　これらのメソッドでドットの後ろがクラス名にあたります．データ解析の章で述べますが，lm()関数は線形回帰分析を実行しますが，その結果はlmク

ラスのオブジェクトとなります．plot.lm() 関数は線形回帰オブジェクトからグラフィックスを作成するメソッドです．plot.lm を R のコンソールに入力すると，関数の定義を参照できます．ただし上の出力で右肩に * が付いているメソッドでは，それらの関数定義を確認するには getS3method() 関数を使う必要があります．第 1 引数 f にメソッド名を，第 2 引数 class にクラス名を指定して実行します．

```
> getS3method(f = "plot", class = "histogram")
```

出力は省略します．あるいは getAnywhere() 関数を使うこともできます．R ではクラスとオブジェクトの関係は，三つの異なる方法で実現されます．S3 クラスと S4 クラス，そして参照クラス (Reference Class) です．本書では S3 と S4 クラスについて簡単に説明します．参照クラスは R-2.12.0 で導入されたクラス設計であり，いまなお改良が続けられています．本書では詳細は省略しますが，?ReferenceClasses を実行するとヘルプが表示されます．

3.5.1 S3 クラス

S3 クラスは，class() 関数を使ってオブジェクトとクラス名を関連付けるだけで設計できます．そして総称関数の後ろにドットとクラス名をつなげたメソッドを定義します．

以下，簡単な例を示します．まず通常の文字列オブジェクトを初期化して，これに print() 関数を適用すると，その文字がコンソールに表示されることを確認して下さい．

次に，このオブジェクトに str というクラス名を設定します．これは文字列を意味する英語の string の省略形のつもりです．そして，str クラスのオブジェクトを表示するメソッドを定義します．このメソッドでは文字をそのまま表示するだけでなく，その文字コードを表示します．コンピュータでは，すべての文字が内部的には数値で表現されており，その数値との対応を文字コードと呼びます．R では charToRaw() 関数を使うことで，文字コードを表示させることができます．

```
> # 通常の文字オブジェクト
> x <- "A"
```

```
> print (x)
[1] "A"
> # 独自のメソッドを定義
> print.str <- function (x) {
+   cat ("x = ", x, "; charToRaw (x) = ", charToRaw (x), "\n");
+ }
> # オブジェクトのクラスを設定
> class (x) <- "str"
> # メソッドを呼び出す
> print (x)
x =  A; charToRaw (x) =  41
```

3.5.2 S4クラス

前項ではRに用意されているS3クラスについて説明しました．S3ではclass()関数を使うことでクラスを定義できました．

S3オブジェクトは気軽に定義できますが，クラスとしての整合性を検証する仕組みに欠けます．他のオブジェクト指向言語では，定義されたクラスがプログラマの意図通りに利用されるよう，エラーチェックを兼ね備えるのが普通です．これを満たすために設計されたのが**S4クラス**です．S3クラスに比べて，クラスとオブジェクトの設計は難しくなりますが，ここで簡単なクラスを作成してみましょう．

まずsetClass()関数を使ってクラスを定義します．ここでは家族の構成員を**フィールド**とするクラスを作成します．フィールドとは，簡単にいえばクラスの要素のことです．あるいは特定のクラスに関連付けられたオブジェクトです．

```
setClass (Class = "family",
          representation (mother = "character",
                          father = "character",
                          children = "numeric"),
          prototype (mother = "母", father =  "父",
                     children = 0) )
```

第1引数Classに文字列で新規クラス名を，第2引数representationには**スロット**を定義します．スロットとはフィールドのことです。ここで

は mother, father, children の三つのスロットを持ち，それぞれが文字型 ("character") ないし数値型 ("numeric") であることを指定しています．第 3 引数 prototype にはスロットのデフォルト値を指定します．デフォルト値とは，明示的に指定されない場合に，クラスが自動的に補う値のことです．

作成した S4 クラスからオブジェクトを生成します．new() 関数を使います．

```
> fm1 <- new ("family", mother = "花子", father = "一郎",
+             children = 3)
> fm1
An object of class "family"
Slot "mother":
[1] "花子"

Slot "father":
[1] "一郎"

Slot "children":
[1] 3
```

オブジェクトを表示させると，スロットごとに改行して表示されます．S3 ではオブジェクトを表示するのは print() メソッドでしたが，S4 では show() メソッドの役割になります．そこで，family クラスに独自の show() メソッドを定義してみましょう．これには setMethod() 関数を使います．

```
setMethod (f = "show", signature = "family",
           function (object) {
           # 父親と母親だけ表示
           cat (object@father, object@mother, "\n")
  } )
```

f にメソッド名を，また signature に処理対象となるクラスを指定します．そして中で function() 関数を使ってメソッドを定義します．なお show() 関数の定義にしたがい，ここでは引数名を object としています[2]．

---

[2] getGeneric("show") を実行すると関数の定義が確認できます．

3.5 オブジェクト指向

そしてS4クラスのオブジェクトからスロットを指定する処理を書きます．S4クラスのスロットはslot()関数か@演算子を使ってアクセスできます．上のメソッド内では後者を利用しました．

S4クラスは，S3クラスと比べて厳密な定義が可能です．たとえばS4クラスでは不適切なオブジェクトの生成を防ぐことができます．setValidity()関数を使って検証用のメソッドを定義しておくのです．

```
setValidity ("family", function (object) {
    if (nchar (object@mother) < 1 | nchar (object@father) < 1 )
        return (FALSE)
})
```

このメソッドは，familyクラスのオブジェクトを生成する場合に呼び出され，スロットmotherとfatherが設定されているかチェックしています．nchar()関数は文字列の長さを調べる関数です．適用結果が1未満ということは文字列が指定されていないことになり，エラーとなります．

```
> fm2 <- new ("family",  mother = "", father = "", children = 3  )
 以下にエラー validObject(.Object) :
    不正なクラス "family" オブジェクト：  FALSE
```

このようにS4クラスを定義することで，エラー処理などを備えたクラスを作成することができるようになります．

では実際に使ってみましょう．まずクラス定義部分を実行します．

```
> setClass (Class = "family",
+           representation (mother = "character",
+                           father = "character",
+                           children = "numeric"),
+           prototype (mother = "母", father =   "父",
+                      children = 0) )
[1] "family"
```

次にメソッドを定義します．

```
> setMethod (f = "show", signature = "family",
+            function object) {
+                # 父親と母親だけ表示
```

```
+             cat (object@father, object@mother, "\n")
+   })
[1] "show"
```

検証用のメソッドも定義しておきます．

```
> setValidity ("family", function (object) {
+    if (nchar (object@mother) < 1 |
+             nchar (object@father) < 1 )
+      return (FALSE)
+   })
Class "family" [in ".GlobalEnv"]

Slots:

Name:     mother    father    children
Class:    character character  numeric
```

では実際に使ってみます．S4 クラスは new() 関数でオブジェクトを生成します．

```
> fm1 <- new ("family", mother = "花子",
+             father = "一郎", children = 3)
> fm1
一郎 花子
```

母親と父親の名前だけを表示するように定義した show() 関数メソッドが使われています．

初級の段階では，自分自身でクラスを定義して利用する機会はないかもしれません．しかし R では S3 や S4 で定義されたクラスやメソッドが多数あり，それらの出力を正しく取り出したり，あるいは，これらのコードを読んで処理内容を理解するには，オブジェクト指向の知識が欠かせません．本節の内容を心に留めておくと，きっと後で役に立つことでしょう．

3.6 R 言語で遊ぶ

ここまでの知識にもとづき，やや高度なプログラムを書いてみましょう．

3.6.1 九九表の作成

まずは九九の表を作ってみましょう．これは9行9列の行列形式で作成するのが妥当でしょう．まずは1から9の整数を要素とするベクトルを二つ用意し，一方から要素を一つ取り出しては，もう片方のベクトルのすべての要素と掛け算することを考えてみましょう．この乗算結果は9行9列の行列として表現されますが，通常の掛け算"*"では，九九の表としては出力されません．

```
> A1 <- 1:9
> A2 <- 1:9
> A1 * A2
[1]  1  4  9 16 25 36 49 64 81
```

これは，それぞれのベクトルで同じ位置（添字）の要素の掛け算の結果にすぎません．

九九の表として出力するには，行列として処理を行う必要があります．一方のベクトルを9行1列，他方を1行9列の行列に変換した上で，行列同士の掛け算に使う%*%演算子を適用します．%*%はベクトルが指定されると，自動的に行列として扱いますが，デフォルトでは9行1列の行列とみなします．以下ではベクトルをas.matrix()関数を使って行列に変換しています．すると，9行1列の行列をみなされることがわかります．そこで，もう一方のベクトルについては，t()関数を1行9列と扱うよう指示します．t()関数の処理を**転置**といいます．最初の行列が9行1列で，次の行列が1行9列であれば，行列積を求めることができます．本書では行列の積や転置行列について詳細は述べません．必要性を感じた読者は，永田(2005)にあたってみてください．

```
> as.matrix (A1) # 行列に変換
     [,1]
[1,]    1
[2,]    2
[3,]    3
[4,]    4
[5,]    5
[6,]    6
```

```
[7,]    7
[8,]    8
[9,]    9

> # 転置する
> t(A2)
     [,1] [,2] [,3] [,4] [,5] [,6] [,7] [,8] [,9]
[1,]    1    2    3    4    5    6    7    8    9
> class(t(A1)) # クラスは行列
[1] "matrix"
> # 行列積を計算
> A1 %*% t(A2)
     [,1] [,2] [,3] [,4] [,5] [,6] [,7] [,8] [,9]
[1,]    1    2    3    4    5    6    7    8    9
[2,]    2    4    6    8   10   12   14   16   18
[3,]    3    6    9   12   15   18   21   24   27
[4,]    4    8   12   16   20   24   28   32   36
[5,]    5   10   15   20   25   30   35   40   45
[6,]    6   12   18   24   30   36   42   48   54
[7,]    7   14   21   28   35   42   49   56   63
[8,]    8   16   24   32   40   48   56   64   72
[9,]    9   18   27   36   45   54   63   72   81
```

これは行列を表しています．たとえば3行目の8列は $3 \times 8 = 24$ になっているわけです．同じ操作は outer() 関数を使って求めることができます．この場合第3引数に演算子を指定します．

```
> outer(A1, A1, "*")
     [,1] [,2] [,3] [,4] [,5] [,6] [,7] [,8] [,9]
[1,]    1    2    3    4    5    6    7    8    9
[2,]    2    4    6    8   10   12   14   16   18
[3,]    3    6    9   12   15   18   21   24   27
[4,]    4    8   12   16   20   24   28   32   36
[5,]    5   10   15   20   25   30   35   40   45
[6,]    6   12   18   24   30   36   42   48   54
[7,]    7   14   21   28   35   42   49   56   63
[8,]    8   16   24   32   40   48   56   64   72
[9,]    9   18   27   36   45   54   63   72   81
```

outer() 関数では三番目の引数として演算子だけでなく関数も指定できます．演算子を指定する場合は文字列として引用符で囲んで指定します．以下

では足し算の計算を行ってみました．

```
> outer (A1, A1, "+")
      [,1] [,2] [,3] [,4] [,5] [,6] [,7] [,8] [,9]
 [1,]    2    3    4    5    6    7    8    9   10
 [2,]    3    4    5    6    7    8    9   10   11
 [3,]    4    5    6    7    8    9   10   11   12
 [4,]    5    6    7    8    9   10   11   12   13
 [5,]    6    7    8    9   10   11   12   13   14
 [6,]    7    8    9   10   11   12   13   14   15
 [7,]    8    9   10   11   12   13   14   15   16
 [8,]    9   10   11   12   13   14   15   16   17
 [9,]   10   11   12   13   14   15   16   17   18
```

さて上の行列では，行と列の交点であるセルに計算結果が表示されていますが，これを"2*3=6"のように，もう少し詳しい出力に変えることは可能でしょうか．以下の手順で実現してみましょう．

(1) "*" の前後に1から9までの数字から可能な組み合わせをすべて作成
(2) "=" に，九九の結果を結合する

まず(1)の操作から実行してみましょう．これには文字列を融合するpaste()関数を利用します．

```
> paste (1:9, 1:9, sep = "*")
[1] "1*1" "2*2" "3*3" "4*4" "5*5" "6*6" "7*7" "8*8" "9*9"
```

第1引数に指定したベクトルと第2引数で指定したベクトルから，対応する要素のペアを抽出し，その間にsep引数で指定した文字列を挟んで繋げるのが，この関数の働きです．ペアの数を拡大し，1から9の整数をすべて組み合わせた文字列を作成するには，もう少し手間が必要です．

再びouter()関数を利用します．先ほどの例では第3引数に"*"演算子を指定しましたが，他の関数を指定することもできます．ここにpaste()関数を指定します．paste()関数に指定する引数sepは第4引数として指定することができます．

```
> outer (1:9, 1:9,  paste, sep = "*")
      [,1]  [,2]  [,3]  [,4]  [,5]  [,6]  [,7]  [,8]  [,9]
 [1,] "1*1" "1*2" "1*3" "1*4" "1*5" "1*6" "1*7" "1*8" "1*9"
```

```
[2,] "2*1" "2*2" "2*3" "2*4" "2*5" "2*6" "2*7" "2*8" "2*9"
[3,] "3*1" "3*2" "3*3" "3*4" "3*5" "3*6" "3*7" "3*8" "3*9"
[4,] "4*1" "4*2" "4*3" "4*4" "4*5" "4*6" "4*7" "4*8" "4*9"
[5,] "5*1" "5*2" "5*3" "5*4" "5*5" "5*6" "5*7" "5*8" "5*9"
[6,] "6*1" "6*2" "6*3" "6*4" "6*5" "6*6" "6*7" "6*8" "6*9"
[7,] "7*1" "7*2" "7*3" "7*4" "7*5" "7*6" "7*7" "7*8" "7*9"
[8,] "8*1" "8*2" "8*3" "8*4" "8*5" "8*6" "8*7" "8*8" "8*9"
[9,] "9*1" "9*2" "9*3" "9*4" "9*5" "9*6" "9*7" "9*8" "9*9"
```

次に (2) の "=" と九九の結果を結合するには，さらに複雑になりますが，paste() 関数の引数として，上記の実行式そのものを第 1 引数として，第 2 引数に九九を求める outer() 関数の式，そして区切り文字として "=" を指定します．

```
> paste( outer (1:9, 1:9,  paste, sep = "*"), outer (1:9, 1:9, "*"), sep = "=")
 [1] "1*1=1"   "2*1=2"   "3*1=3"   "4*1=4"   "5*1=5"   "6*1=6"   "7*1=7"   "8*1=8"
 [9] "9*1=9"   "1*2=2"   "2*2=4"   "3*2=6"   "4*2=8"   "5*2=10"  "6*2=12"  "7*2=14"
[17] "8*2=16"  "9*2=18"  "1*3=3"   "2*3=6"   "3*3=9"   "4*3=12"  "5*3=15"  "6*3=18"
[25] "7*3=21"  "8*3=24"  "9*3=27"  "1*4=4"   "2*4=8"   "3*4=12"  "4*4=16"  "5*4=20"
[33] "6*4=24"  "7*4=28"  "8*4=32"  "9*4=36"  "1*5=5"   "2*5=10"  "3*5=15"  "4*5=20"
[41] "5*5=25"  "6*5=30"  "7*5=35"  "8*5=40"  "9*5=45"  "1*6=6"   "2*6=12"  "3*6=18"
[49] "4*6=24"  "5*6=30"  "6*6=36"  "7*6=42"  "8*6=48"  "9*6=54"  "1*7=7"   "2*7=14"
[57] "3*7=21"  "4*7=28"  "5*7=35"  "6*7=42"  "7*7=49"  "8*7=56"  "9*7=63"  "1*8=8"
[65] "2*8=16"  "3*8=24"  "4*8=32"  "5*8=40"  "6*8=48"  "7*8=56"  "8*8=64"  "9*8=72"
[73] "1*9=9"   "2*9=18"  "3*9=27"  "4*9=36"  "5*9=45"  "6*9=54"  "7*9=63"  "8*9=72"
[81] "9*9=81"
```

なお上記の出力では，横幅が足りないために，"9*9=81" が最後に行送りされています．

R のオプション指定：

R では出力などにデフォルトの設定があります．options() 関数を引数なしで実行すると，一覧が表示されます．

```
> options ()
$add.smooth
[1] TRUE

$bitmapType
```

```
[1] "cairo"
```

... 中略

```
$warning.length
[1] 1000

$width
[1] 80
```

　最後の "`$width`" の出力はコンソールの表示幅を半角文字数で表しています．この設定は変更することができます．デフォルトは 80 文字になっていますが，`options(width=100)` をコンソールで実行すれば 100 文字幅に変更できます．

　`options()` 関数には R の処理を制御する多数のオプションが設定されています．本書で詳細は説明できませんが，`?options` を実行することで確認することができます（ただし英語で表示されます）．個別のオプションの設定については `getOption()` 関数で確認できます．以下では "`digits`" の設定を確認し，続いて変更しています．この設定は簡単にいえば，小数点以下の桁数の指定です．

```
> getOption ("digits")
[1] 7
> 0.123456789012          # 表示幅を超える入力

[1] 0.1234568
> options (digits  = 12) # 表示幅を広げる
> 0.123456789012
[1] 0.123456789012
```

　デフォルトでは 7 桁ですので 0.123456789012 を表示させようとしても 8 桁目で切り上げられています．そこで 12 桁と設定し直して，もう一度表示させました．

　前節の九九の出力では表示幅 (`width`) を 90 に設定するのが適切でしょう．各自で確認してみてください．ただし RStudio ではパネルの幅によって表示が折り返されるので，`$width` の効果を確認するには，コンソール・パネルの端にカーソルを合わせ，黒い十字のアイコンに変わっ

たところで，パネルの幅を広げるなどして調整する必要があります．

3.6.2　連番の作成

たとえば，試験結果について名前と点数を記録したデータがあるとします．ここでは簡単なデータをコンソールから入力して作成することにします．

```
> x <- c ("加藤", "佐藤", "鈴木", "田中", "野田")
> y <- c (100, 90, 80, 70, 60)
> xy <- data.frame (Name = x, Score = y)
> xy
  Name Score
1 加藤   100
2 佐藤    90
3 鈴木    80
4 田中    70
5 野田    60
```

ここで実名を削除し，代りに ID を用意したいとします．まず ID を決めましょう．単純に "student" に連番をふることにします．そこで paste() 関数を利用します．

```
> (tmp <- paste ("student", 1:5, sep = "-"))
[1] "student-1" "student-2" "student-3" "student-4" "student-5"
> xy $ ID <- tmp
> xy
  Name Score        ID
1 加藤   100 student-1
2 佐藤    90 student-2
3 鈴木    80 student-3
4 田中    70 student-4
5 野田    60 student-5
```

新規に作成したベクトルを既存のデータフレームに追加するのは簡単です．既存のデータフレーム名の後ろに $ を挟んでベクトル名を指定します．$ の前後のスペースは省いても構いません．ただし追加するベクトルは，データフレームと同じ長さであること，また列名が衝突しないように注意が必要です．

作成されたデータフレームから，ID と Score の列だけを取り出します．始

めにデータフレームの列名を確認し，そこから必要な列だけを取り出して，オブジェクト xy2 としてコピーします（これは xy2 <- xy [, 2:3] と実行しても構いません）．

```
> names (xy)
[1] "Name"  "Score" "ID"
> xy2 <- xy [ , c ("ID", "Score")]
> xy2
          ID Score
1 student-1   100
2 student-2    90
3 student-3    80
4 student-4    70
5 student-5    60
```

あるいは性別を表す Sex 列を追加するには以下のようにします．

```
> xy $ Sex <- c ("F", "M", "M", "F", "F")
> xy
  Name Score Sex
1 加藤   100   F
2 佐藤    90   M
3 鈴木    80   M
4 田中    70   F
5 野田    60   F
```

また性別を頭文字として連番をふる場合，次のように実行できるでしょう．

```
> (tmp <- paste (xy$Sex, 1:5, sep = "-"))
[1] "F-1" "M-2" "M-3" "F-4" "F-5"
> xy $ Id <- tmp
> xy
  Name Score Sex  Id
1 加藤   100   F F-1
2 佐藤    90   M M-2
3 鈴木    80   M M-3
4 田中    70   F F-4
5 野田    60   F F-5
```

3.6.3 組み合わせの作成

引き続き paste() 関数や outer() 関数を使ったプログラムを作成してみま

しょう．いま女性 5 名，男性 5 名の名簿があり，この中からランダムにカップルを割り当てたいとします．これは sample() 関数を使って，それぞれ 5 名を順番に抜き出してはペアにするだけです．

```
> female <- c ("陽菜", "結愛", "結衣", "杏", "莉子")
> male  <-  c ("大翔", "蓮", "颯太", "樹", "大和")
> paste (sample (female, 5) , sample(male, 5) , sep = "＋")
[1] "結愛＋樹"   "結衣＋大和" "陽菜＋大翔" "莉子＋蓮"   "杏＋颯太"
```

sample() 関数は乱数を利用していますので，実行のたびに異なる結果を返します．

続いて，トランプの札を作成してみましょう．トランプには，ハート，クラブ，ダイヤ，スペードの 4 種類の絵柄があり，それぞれに A, 2:10, J, Q, K の 13 種の数字があります．そこで，まず絵柄のベクトルと，数字のベクトルをそれぞれ別々に用意するところから始めましょう．絵柄については Mac や Linux では記号そのものを入力してもよいでしょう．「はーと」などと入力して変換すれば，候補の一覧に記号が表示されます．Windows の場合，R スクリプト上でハート記号などを入力しても，これをコンソールに送って実行してみると"?"と化けてしまいます．ここでは対応するアルファベットの頭文字を利用します．すなわちハートは"H"，クラブは"C"，ダイヤは"D"，スペードは"S"に対応させます．

```
> # 絵柄（を示すアルファベット大文字）を用意
> mark <- c ("H", "C", "D", "S")
> # 数字を用意
> suji <- c("A", 2:10, "J", "Q", "K")
> suji # 中身を確認
 [1] "A"  "2"  "3"  "4"  "5"  "6"  "7"  "8"  "9"  "10" "J"  "Q"  "K"
```

なお，suji ベクトルの作成では，c() 関数に要素として文字と数字を混ぜていますが，この場合，数字は文字に自動変換されます．suji を実行すると，すべて引用符で囲まれていることがわかるでしょう．

後は outer() 関数を使って，組み合わせを作成するだけです．なおトランプにはジョーカーがありますので，作成された cards に 1 枚加えます．ベクトルに要素を付け足すには c() 関数を利用します．

```
> cards <- outer (mark, suji, "paste", sep = "-")
> cards <- c (cards, "Joker") # 最後にジョーカーを 1 枚足す
> length (cards) # 結局枚数は?
[1] 53
> cards # 中身を確認
 [1] "H-A"  "C-A"  "D-A"  "S-A"  "H-2"  "C-2"  "D-2"  "S-2"  "H-3"
[10] "C-3"  "D-3"  "S-3"  "H-4"  "C-4"  "D-4"  "S-4"  "H-5"  "C-5"
[19] "D-5"  "S-5"  "H-6"  "C-6"  "D-6"  "S-6"  "H-7"  "C-7"  "D-7"
[28] "S-7"  "H-8"  "C-8"  "D-8"  "S-8"  "H-9"  "C-9"  "D-9"  "S-9"
[37] "H-10" "C-10" "D-10" "S-10" "H-J"  "C-J"  "D-J"  "S-J"  "H-Q"
[46] "C-Q"  "D-Q"  "S-Q"  "H-K"  "C-K"  "D-K"  "S-K"  "Joker"
```

トランプができましたので，ここから 5 枚を取り出してみます．もちろん sample() 関数を使えばよいわけです．

```
> sample(cards, 5)
[1] "C-2"  "C-6"  "H-6"  "S-K"  "D-10"
```

3.7 文字処理

　本章の前半で paste() 関数を利用して，文字列を結合する方法を学んできました．ここで，もう少し文字列およびテキストを扱う方法を説明します．

　まず英文から取り上げましょう．"A CERTAIN MAGICAL INDEX" をベクトルとして初期化します．これは文字列を一つ含むベクトルです．したがって length() 関数を適用した結果は 1 です．一方，nchar() 関数は文字列の文字数を出力します．この場合半角スペースも 1 文字とカウントされることに注意してください．この関数は，ベクトルの要素ごとに，それぞれの文字数を返します．

```
> index <- "A CERTAIN MAGICAL INDEX" # これは文字列としては 1 個
> length (index) # 1 個の文字列
[1] 1
> nchar (index)# 文字列の文字数
[1] 23
> # 二つの文字列を要素とするベクトル
> x <- c ("ABC", "efghi")
> length (x)
[1] 2
```

```
> nchar (x)
[1] 3 5
```

いま対象としているのは英文字です．英文字の場合，多くのプログラミング言語で，大文字を小文字，小文字を大文字に変換する関数が備わっています．Rでは，tolower() 関数が小文字に，また toupper() 関数が大文字に変換する関数です．

```
> tolower(index)   # 大文字を小文字に変換
[1] "a certain magical index"
> toupper (x)      # 小文字を大文字に
[1] "ABC"    "EFGHI"
```

出力からわかると思いますが，たとえば小文字に変換する場合，もともと小文字の部分はそのまま残されます．

さて入力された文字列を単語に分けてみましょう．英語の場合，まずは半角スペースを境界として分割してやります．これには strsplit() 関数を使います．ここで文章を，Lewis Carroll による Alice's Adventures in Wonderland の冒頭の文章に変えてみます[3]．

```
> # Lewis Carroll Alice's Adventures in Wonderland
> alice <-  c ("Alice was beginning to get very tired of sitting
+             by her sister on the bank",
+             "and of having nothing to do:")
> length (alice)
[1] 2
> nchar (alice)
[1] 74 28
> strsplit (alice, " ") # 文字列を空白で切り取ってベクトル化する
[[1]]
 [1] "Alice"     "was"       "beginning" "to"        "get"       "very"
 [7] "tired"     "of"        "sitting"   "by"        "her"       "sister"
[13] "on"        "the"       "bank"
[[2]]
 [1] "and"       "of"        "having"    "nothing"   "to"        "do:"
```

この出力はリストで二つの要素からなります．最初の [[1]] にはリス

---

[3] テキストは Project Gutenberg (http://www.gutenberg.org/) に公開されているデータを利用しました．

トの最初の要素である文章を分割した結果が表示されています．二つ目の [[2]] は 二つ目の要素の分割結果です．すなわち文章ごとに分割した結果がそれぞれ独立しているわけですが，これをまとめて一つのベクトルにしましょう．リスト形式のオブジェクトの要素をつなげて一つのベクトルに変換するには unlist() 関数を利用します．strsplit() 関数を実行した結果を，いったん別のオブジェクトに保存して，それから改めて unlist() 関数を適用するという方法もありますが，ここでは二つの関数を入れ子にして，一気に実行します．

```
> alice2 <- unlist (strsplit (alice, " "))  # 結果のリストをベクトルに変換
> alice2
 [1] "Alice"     "was"      "beginning" "to"       "get"      "very"
 [7] "tired"     "of"       "sitting"   "by"       "her"      "sister"
[13] "on"        "the"      "bank"      "and"      "of"       "having"
[19] "nothing"   "to"       "do:"
> length (alice2)  # 語数は
[1] 21
```

この結果をよくみると，最後の"do:"はコロンが付いたままになっていることがわかります．英文を単語に分割する場合，単にスペースで区切るだけではなく，コロンやピリオドなどの記号を削除する必要があるわけです．これについては後で対処します．

ここで頻度表を作成してみましょう．Rで表を作成するには table() 関数を使います．

```
> table (alice2)  # 頻度表を作成
alice2
    Alice       and      bank beginning        by       do:       get    having
        1         1         1         1         1         1         1         1
      her   nothing        of        on    sister   sitting       the     tired
        1         1         2         1         1         1         1         1
       to      very       was
        2         1         1
```

Alice の冒頭 2 行では，前置詞 "to"，"of" が 2 回出ている以外は，どれも出現回数は 1 回だけです．

table() 関数の出力は横方向にまとめられていますが，これを縦に並びか

えてデータフレームにするには as.data.frame() 関数を利用します．

```
> as.data.frame (table (alice2))
      alice2 Freq
1      Alice    1
2        and    1
・・・中略・・・
17        to    2
18      very    1
19       was    1
```

単語の列にはオブジェクト名が，また頻度の列にはFreq という列名が自動的に設定されます．

さて，ここまで Alice の冒頭部分だけを対象に作業してきましたが，今度は Alice の全文を対象にしてみましょう．Alice の全文は Gutenberg という Online Book サイトに無料で公開されています．http://www.gutenberg.org/febooks/11 から Plain Text をいったんダウンロードして使うこともできますが，R 上でインターネットに接続して，自動的に読み込むこともできます．方法はいくつかあるのですが，ここでは file() 関数にテキストの URL を指定し，これを readLines() 関数で 1 行ずつ読み込むという作業をします．

```
> alice3 <- readLines (file ("http://www.gutenberg.org/files/11/11.txt"))
```

インターネット回線の状態にもよりますが，数秒で全文の読み込みが終わるはずです．ただし読み込んだテキストはこのままでは使えません．Gutenberg で公開されているファイルでは，冒頭と末尾に説明文が加えられているのが普通です．確認してみます．head() 関数にオブジェクトと行数を指定して実行してみます．

```
> head (alice3, 50)
  [1] "Project Gutenberg's Alice's Adventures in Wonderland, by Lewis Carroll"
  [2] ""
  [3] "This eBook is for the use of anyone anywhere at no cost and with"
・・・中略・・・
 [39] ""
 [40] ""
 [41] "CHAPTER I. Down the Rabbit-Hole"
 [42] ""
```

[43] "Alice was beginning to get very tired of sitting by her sister on the"
・・・以下略

　ここから，本文は 41 行目から始まっていることがわかります．末尾はどうでしょうか．head() 関数とは逆に，末尾を表示してくれる tail() 関数が R には用意されていますが，ここでは別の方法で探してみます．実は Alice の場合 "THE END" という行で終ることがわかっています．そこで検索して，その行数を調べてみましょう．grep() 関数を利用します．

```
> grep ("THE END", alice3)
[1] 3370
> alice3 [3365:3375]
 [1] "make THEIR eyes bright and eager with many a strange tale, perhaps even"
 [2] "with the dream of Wonderland of long ago: and how she would feel with"
 [3] "all their simple sorrows, and find a pleasure in all their simple joys,"
 [4] "remembering her own child-life, and the happy summer days."
 [5] ""
 [6] "                    THE END"
 [7] ""
 [8] ""
 [9] ""
[10] ""
[11] ""
```

3370 行にみつかりましたので，添字を使ってその前後を指定して表示させてみました．間違いなさそうです．それでは冒頭と末尾の不要な部分を除いた添字指定を使って，必要なテキストのみを取り出します．

```
> alice3 <- alice3 [41:3370]
> head (alice3)
[1] "CHAPTER I. Down the Rabbit-Hole"
[2] ""
[3] "Alice was beginning to get very tired of sitting by her sister on the"
[4] "bank, and of having nothing to do: once or twice she had peeped into the"
[5] "book her sister was reading, but it had no pictures or conversations in"
[6] "it, 'and what is the use of a book,' thought Alice 'without pictures or"
> tail (alice3)
[1] "make THEIR eyes bright and eager with many a strange tale, perhaps even"
[2] "with the dream of Wonderland of long ago: and how she would feel with"
[3] "all their simple sorrows, and find a pleasure in all their simple joys,"
[4] "remembering her own child-life, and the happy summer days."
```

[5] ""
[6] "   THE END"

続いて単語単位に切り出します．

```
> alice.vec <- unlist (strsplit (alice3, split = "[[:space:]]+|[[:punct:]]+"))
> length (alice.vec)
[1] 32300
```

ここでstrsplit()関数の第2引数splitに複雑な指定を行なっています．split()関数の第2引数は区切りとなる文字を指定するのでした．[[:space:]]+はスペースやタブなど，空白の記号が一つ以上続くことを，また[[:punct:]]+はピリオドやカンマなどが一つ以上続くことを意味する記述方法です．この二つの条件の間にある縦棒(|)は，英語の"or"にあたり，前後の条件のいずれかを表す演算子です．これによりスペースあるいはピリオドなどの記号を区切りとみなして，文字列が切り分けられます．また結果としてスペースやピリオドは削除されます．このような柔軟に文字列を操作する方法を**正規表現**といいます．本書では正規表現について詳細に説明する余裕はありませんが，簡単な解説をコラムに用意しましたので参照してください．この正規表現によって，スペース（これにはタブなども含まれます）と句読点を省いた「単語」が抽出されます．この作業によってalice.vecは32,300個の要素からなることがわかります．

正規表現：

正規表現とは，文章などを効率的に検索や置換，あるいは抽出する方法です．たとえばテキストファイルの中に電話番号が記録されていて，それらは030-666-8888のようにハイフンを挟んで3桁，3桁，4桁の数字が並んでいるとします．ここで次のようなテキストがあったとします．

```
texts <- "太郎くんの電話番号は 123-456-7890,
次郎くんの電話番号は 321-654-0987,
花子さんの電話番号は 135-246-8709 です"
```

3.7 文字処理

　さて電話番号の部分をすべて XXX-XXX-XXXX に変えたいとします．その場合 gsub() 関数を使って次のように実行します（出力は適当に改行しました）．

```
> gsub ("[0-9]{3}-[0-9]{3}-[0-9]{4}", "XXX-XXX-XXXX",
+       x = texts)
[1] "太郎くんの電話番号は XXX-XXX-XXXX,
次郎くんの電話番号は XXX-XXX-XXXX,
 花子さんの電話番号は XXX-XXX-XXXX です"
```

　ここで "[0-9]{3}-[0-9]{3}-[0-9]{4}" が正規表現です．角括弧を使った "[0-9]" は 0 から 9 までの数値文字 1 個を意味します．この後に波括弧で "{3}" とあるのは，直前の文字（いまの場合 0 から 9 までの任意の数値）が 3 個並んでいることを指定しています．さらに，ハイフンが 1 個続き，同じく数値が 3 桁，ハイフン，最後に数値が 4 桁続くようなパターンを探すのが，この正規表現の意味です．gsub() 関数では第 1 引数に正規表現を指定します．この正規表現にマッチした場合に置き換える文字列が第 2 引数になります．そして第 3 引数に対象となる文字列全体を指定します．

　"[0-9]" のようなパターン指定を正規表現では文字クラスといいます．さらに正規表現では，メタ文字という特殊な指定方法があります．たとえば "+" は正規表現としては，足し算ではなく，直前の文字が 1 回以上繰り返されることを意味します．ですから上の実行例であれば，以下のように表現することもできるのでした．

```
> gsub("[0-9]+-[0-9]+-[0-9]+", "XXX-XXX-XXXX", x = texts)
```

　プログラミングでは，データを検索したり置換したりすることが頻繁に行われます．したがって正規表現は，非常に強力なツールとなりますが，直感的にはわかりにくいものです．本書では詳細は省きますが，興味のある読者は，佐々木 (2003) などに挑戦してみて下さい．

　alice.vec の冒頭部分を表示してみると，空白 ("") が要素として混ざっていることに気が付きます．上のコードではスペースないし句読点を区切りと

みなす正規表現を利用しましたが，テキストの文字列には句読点とスペースが並んでいる場合が多数あります．この場合，句読点とスペースを区切りますが，その間には何もないため，無を表す "" が抽出されるわけです．これが実に 4,970 個もあります（つまりピリオドなどの記号が 4,970 個あります）．

```
> head (alice.vec)
[1] "CHAPTER" "I"       ""        "Down"    "the"     "Rabbit"
> sum (alice.vec == "")
[1] 4970
```

alice.vec == "" は，オブジェクトの中身が空の要素であるかどうかを調べるコマンドです．40 ページの論理値演算で述べたように，該当する要素は TRUE に，そうでなければ FALSE が結果として返ります．この結果に sum() 関数を適用すると，TRUE は 1 で FALSE は 0 として扱われますので，結果として空要素 ("") の個数が求められます．

```
> # 分割結果が空の場合 ("") となる結果を除いて，ベクトルを再構成
> alice.vec <- alice.vec [alice.vec != ""]
> # 解析結果の長さ，つまり総単語数を求める
> length(alice.vec)
[1] 27330
```

結果として 27,330 個の単語があることがわかります．

これは Alice の語彙数が 27,330 個だということではありません．ここには重複があります．たとえば英語の定冠詞 "the" は多用されているに違いありません．言語学や自然言語処理の分野では，たとえば定冠詞の the が，ある文章で 3 回使われている場合，**トークン** (token) として the の出現度数は 3 ですが，何回出現しようとも同じ意味の単語であり，**タイプ** (type) としては 1 語と数えます．トークンは一般的な意味で総語数に，またタイプは語彙数に相当します．"the" が何回使われているのか調べてみましょう．

```
> sum (alice.vec == "the")
[1] 1527
```

1527 回使われているようです．

それでは利用頻度の高い上位の単語を調べてみましょう．まず頻度表をデータフレームとして作成し，これを並び替えてみます．

```
> alice.freq <- as.data.frame (table (alice.vec))
> alice.sorted <- alice.freq [order (alice.freq$Freq, decreasing = TRUE), ]
> head (alice.sorted)
     alice.vec Freq
2515       the 1527
83         and  802
2593        to  725
1            a  615
1209         I  545
1274        it  527
> # 行数は語彙数
> nrow (alice.sorted)
[1] 2948
```

　order() 関数はやや癖のある関数で，並び替えを行っても，その結果の値そのものではなく，もとのベクトルで位置番号（添字）を出力します．上の実行例では alice.freq データフレームの Freq 列を大きい順（decreasing 引数で指定しています）に並べた場合，その要素がもとのベクトルで何番目に位置していたかを出力します．上の order() 関数の使い方が特殊なのは，関数そのものを添字に使っていることでしょう．この場合は行を指定する添字になっています．つまり角括弧内部でカンマの前に指定されています．カンマの後を空にしているのは，すべての列をそのまま残すという意味です．したがって，もとのデータフレームを降順に並び替えています．

　なお各行の先頭（左端）にあるのは行名であり，データそのものではありません．単にデータについての補助的情報ですので注意してください．この場合は，もとのデータフレームでの行番号です．

　出力から，データフレームの行数は 2,948 です．これは単語（タイプ）ごとに頻度を求めたものですので，Alice の語彙数は 2,948 個ということになります．

order() 関数の働き：
　order() 関数は，指定されたオブジェクトを並び替える関数ではありません．対象がベクトルであれば sort() 関数を使って，直接並び替えることができます．

```
> x <- c (3, 1, 2, 5, 4)
> sort (x)
[1] 1 2 3 4 5
```

ベクトルを order() 関数で並び替えるには以下のようにします．

```
> x <- c (3, 1, 2, 5, 4)
> order (x)   # 並びかえた場合の，もとの位置番号
[1] 2 3 1 5 4
> # 最小値である 1 はベクトルの 2 番目の要素
> x [order(x)]
[1] 1 2 3 4 5
```

order() 関数の出力は，もとのベクトル x での位置を意味しています．上の出力であれば，最初の 2 は，x で 2 番目の要素がもっとも小さな値（つまり 1）であり，最後の 4 は，x で 4 番目の要素（つまり 5）がもっとも大きな値であることを示しています．

　order() 関数は，たとえばデータフレームを列で並び替えを行なう場合などに使います．以下のサンプルコードでは，1, 2, 3 いずれかの数値をランダムに 10 個並べたベクトル x, y と，アルファベットの "A", "B", "C"のいずれかをランダムに 10 個並べたベクトルを使って，データフレームを作成しています．

```
> set.seed (123)    # 乱数を設定する
> x <- sample (1:3, 10, rep = TRUE)
> y <- sample (1:3, 10, rep = TRUE)
> (alpha <- sample (LETTERS[1:3], 10, rep = TRUE))
 [1] "C" "C" "B" "C" "B" "C" "B" "B" "A" "A"
> (x.y <- data.frame (name = alpha, x = x, y = y))
   name x y
1     C 1 3
2     C 3 2
3     B 2 3
4     C 3 2
5     B 3 1
6     C 1 3
7     B 2 1
8     B 3 1
9     A 2 1
10    A 2 3
```

```
> # order を使って並び替え
> x.y [order(x.y$name, x.y$x, x.y$y), ]
   name x y
9     A 2 1
10    A 2 3
7     B 2 1
3     B 2 3
5     B 3 1
8     B 3 1
1     C 1 3
6     C 1 3
2     C 3 2
4     C 3 2
```

　この出力は，order() 関数の引数として指定した順に並び替えられています．すなわち最初に name 列で並び替えが行なわれ，name で重複する要素があれば，次に x 列の順序で並び替えられ，ここでさらに重複する場合（たとえば name が "M" で x が 5 の 2 ケース），今度は y で並び替えられます．

　ただし，このデータフレームは厳密な意味での語彙数を表していません．ここで単語でソートし直して，一部を確認してみましょう．

```
> alice.sorted2 <- alice.freq [order (alice.freq$alice.vec),]
> head (alice.sorted2)
  alice.vec Freq
1         a  615
2         A   17
3     abide    1
4      able    1
5     about   94
6     above    3
```

　最初に "a" が 615 個，"A" が 17 個となっていますが，これは不定冠詞です．コンピュータからみると，小文字と大文字は別なのですが，英語としては同一と考えるべきです．すなわち，英語テキストから頻度表を作成する場合，あらかじめ tolower() 関数を使って，大文字を小文字に一括変換するなどの処理が必要なことがわかります．

また次の出力に注目してみましょう.

```
> alice.sorted2 [grep ("swim", alice.sorted2$alice.vec), ]
     alice.vec Freq
2453      swim    3
2456  swimming    2
```

ここでは文字列として"swim"を含む単語を抜き出しています.すると二つが登録されていますが,これも一つにまとめるべきかもしれません.英文法でいえば,活用している swimming は原型の swim に戻すということになるでしょうか.しかし,これをプログラムとして実装するのは簡単ではありません.

英語の単語で,活用形と原型をまとめる技術の一つとしてステミング (stemming) があります.ステミングの処理には,単に活用語を原型に戻す以上の処理が含まれるのですが,詳細は北 (2002) を参照してください.R にはステミングを行う **Snowball** パッケージがあります.まず **Snowball** パッケージをインストールしてロードします.

RStudio ではファイル・パネルの「Packages」タブからインストールすることができます.ここで「Install Packages」ボタンを押し,ダイアログの「Packages」にインストールしたいパッケージ名を入力します.入力を始めると適当な候補がポップアップされるので,選択すればキーボード入力の手間が省けます.間にカンマを挟めば,複数のパッケージを指定することもできます.あるいは次のコードで最初の2行の頭にある#を消して,それぞれを実行すれば,インストールとロードを実行することができます.

```
> # install.packages ("Snowball") # インストール
> # library (Snowball)             # ロード
> # stemming を実行
> alice.sn <- SnowballStemmer(tolower (alice.vec))
> # 頻度表を作成
> alice.sn.freq <- as.data.frame (table (alice.sn))
> alice.sn.sorted <- alice.sn.freq [order (alice.sn.freq$alice.sn),]
> head (alice.sn.sorted)
  alice.sn Freq
1             200
2        a  895
3     abid    1
```

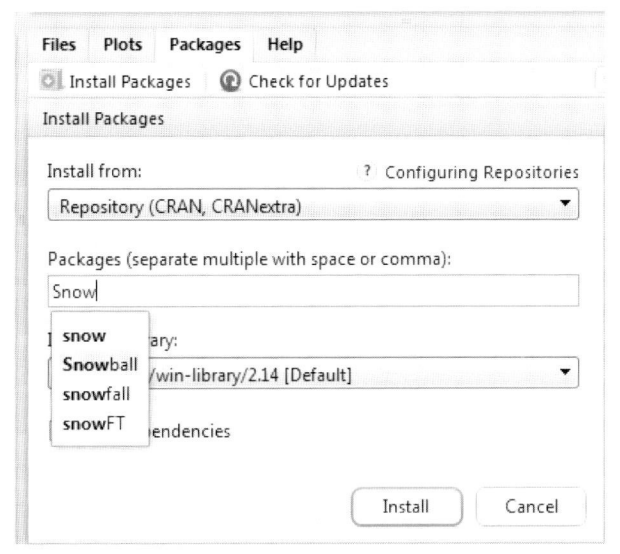

図 3.1 ステミングを行うパッケージをインストールする

```
4       abl    1
5     about   94
6      abov    3
```

この出力では able が abl に，また above が abov に切り詰められることに注意してください．ところで，この最初に空白が 200 個あると出ていますが，これは何でしょうか．

ステミングを行う前の総語数と，後の総語数は同じです．

```
> sum(alice.sn.sorted$Freq)
[1] 27329
> sum (alice.sorted$Freq)
[1] 27329
```

すなわち，何かの語形が空白に変換されていることがわかります．確かめてみましょう．まず which() 関数を使って，ステミング後の空白位置を調べ，その前後（610 語目から 620 語目）の単語を確認します．

```
> which(alice.sn == "")
```

```
  [1]    616    855   1062   1175   1515   1896   1983   1998   2374   2385   2395   2774
・・・中略・・・
[193] 26437 26594 26841 26991 27060 27081 27167 27224
> alice.sn[610:620]
 [1] "to"      "sai"     "it"      "over"    "ye"      "that"    ""
 [8] "about"   "the"     "right"   "distanc"
> alice.vec[610:620]
 [1] "to"      "say"     "it"      "over"    "yes"     "that"
 [7] "s"       "about"   "the"     "right"   "distance"
> grep ("that's", alice3, value = TRUE)
 [1] "'--yes, that's about the right distance--but then I wonder what Latitude"
 [2] "mice in the air, I'm afraid, but you might catch a bat, and that's very"
・・・以下略・・・
```

"s"がステミングによって空白に変換されていることがわかりますが、どうやら"that's"の"s"のようです。ここでは、もとのテキストから当該箇所を表示するために、grep()関数を使って検索しています。

最終的に総語彙数を求めると 1,977 ということになります。

```
> nrow (alice.sn.sorted)
[1] 1977
```

3.8 日本語処理

前節では、英語の文章を分割する応用プログラムを作成してみましたが、では、日本語はどうすべきでしょうか。英語では、単純にはスペースを目安に単語に区切りことができました。しかし日本語にスペースはありません。日本語の文章を区切るとすれば、助詞などを目安にすることも考えられますが、ことはそう簡単ではありません。「すもももももももものうち」という文章を「も」を目安に区切ろうとしてもうまくいかないでしょう。

日本語を単語に分割するには、自然言語処理という技術に頼ることになります。この技術にもとづいて日本語の文章を単語ごとに区切る技術を形態素解析といいます。形態素とは、最小の意味の単位ということですが、要するに単語のことだと理解してください。形態素解析を実行するソフトウェアを形態素解析器といいます。有名なソフトウェアが MeCab です。MeCab をパソコンにインストールした状態で、R の **RMeCab** パッケージを使うと、日本

3.8 日本語処理　101

語テキストの分析を行なうことができます．ここで簡単に紹介します．

まず MeCab をインストールしてください．以下 Windows の場合について説明します．Windows 以外でのインストールについてはhttp://rmecab.jp/wiki/index.php?RMeCabを参照してください．http://mecab.sourceforge.net/ の「ダウンロード」をクリックし，Windows であれば「Binary package for MS-Windows：mecab-0.99*.exe:ダウンロード」からダウンロードします（本書執筆時のバージョンは 0.994 でした）．ダウンロードしたファイルはダブルクリックでインストールします．デフォルトの設定そのまま「次へ」をクリックしてインストールを完了させてください．次に RMeCab() 関数をインストールしますが，このパッケージは CRAN に登録されていません．http://sites.google.com/site/rmecab/からRMeCab_0.99*.zipをダウンロードします（本書執筆時のバージョンは 0.995 でした）．利用している R のバージョンに適合したファイルをダウンロードします．なお，このサイトには **RMeCab** パッケージを試用するためのサンプルデータdata.zip（Mac の場合は data.tar.gz）が用意されているので，こちらもダウンロードしておきます．続いてRStudioの右下ファイル・パネルの「Packages」タブで，「Install Packages」をクリックします．表示されたダイアログの一番上「Install from:」で「Package Archive File (.zip)」を選択します．その下の「Browse...」を押して，ダウンロードしたRMeCab_0.99*.zipを選択し，右下の「Install」を押します．（R 本体でインストールする場合は，メニューの「パッケージ」から「このコンピュータ内のzipファイル」で，ダウンロードしたRMeCab_0.99*.zipを選択してインストールします．）もう一つダウンロードしたdata.zipの方はダブルクリックで解凍します．解凍するとdataというフォルダが現われますので，適当な位置にコピーします．以下では C ドライブの直下（フォルダ階層としてはC:/data）に置いたものとします．他のパッケージの場合と同様に，「Packages」タブの一覧でチェックを入れるか，あるいはlibrary()関数を使って **RMeCab** パッケージをロードします．ここで先に解凍したdataの中にあるファイルを利用しますので，作業フォルダを変更します．

```
> library (RMeCab)
> setwd ("C:/data")
```

とりあえず動作確認をしてみましょう．RMeCabC() 関数は，引数として与えられた文章を形態素解析器 MeCab に送り，その結果を整形して R に出力します．ここで第 2 引数として 1 を渡していますが，これは活用語は原型に戻すという指定です．

```
> res <- RMeCabC ("ご飯を食べた", 1)
> unlist (res)
    名詞       助詞    動詞      助動詞
   "ご飯"      "を"   "食べる"    "た"
```

RMeCabC() 関数は出力をリストとして返しますが，ここでは unlist() 関数を使ってリストをベクトルに変換しています．もとの文の「食べた」が，形態素としては二つに分解されていることに注意してください．五段活用の動詞「食べる」と過去を現わす助動詞「た」からなっているわけです．

さて，少しまとまった文章を解析してみましょう．data フォルダには太宰治の『走れメロス』全文が入っています[4]．これを解析してみます．**RMeCab** パッケージには多数の関数が備わっていますが，ここでは docDF() 関数を利用します（この関数は **RMeCab** パッケージ配布サイトで公開されているマニュアルには記載されていません）．

```
> dazai <- docDF ("merosu.txt")
file_name =  ./merosu.txt opened
number of extracted terms = 809
now making a data frame. wait a while!

> head (dazai)
  Ngram merosu.txt
1   一        4
2   、      555
3   。      458
4   々       15
5   「       62
6   」       62
> tail (dazai)
    Ngram merosu.txt
```

---

[4] これは青空文庫 (http://www.aozora.gr.jp/) からデータをダウンロードし，ルビなどの補助的な情報を削除したテキストです．ルビを取る方法は本書の付録ファイルの README.txt を参照して下さい．

```
804    鳴      1
805    麗      1
806    黒      2
807    齧      1
808    !      12
809    ?       2
```

　docDF() 関数の第 1 引数にはテキスト名を指定して実行すると，文章を文字を単位として区切った結果が表示されます．（なお文字コードの関係で，OSによって表示の順番は異なります．また形態素単位の解析の場合，MeCab の辞書設定によっては解析結果に差が出ることがあります．詳細は石田 (2008) を参照して下さい．）

　上の出力から，句点（"。"）が 458 個あるということがわかりますので，『走れメロス』にはおおむね 450 個の文章があることになります．次に形態素ごとに区切ってみましょう．type 引数に 1 を指定して実行します．

```
> dazai <- docDF("merosu.txt",type = 1)
file_name =   ./merosu.txt opened
number of extracted terms = 1306
now making a data frame. wait a while!

> head (dazai)
  TERM POS1   POS2 merosu.txt
1 ──   記号   一般          2
2  、   記号   読点        555
3  。   記号   句点        458
4  々   記号   一般          6
5  「   記号 括弧開         62
6  」   記号 括弧閉         62
> tail (dazai)
         TERM   POS1 POS2 merosu.txt
1301 鳴り響く   動詞 自立          1
1302     黒い 形容詞 自立          1
1303     黒雲   名詞 一般          1
1304     齧る   動詞 自立          1
1305       !   記号 一般         12
1306       ?   記号 一般          2
```

　この出力では，記号を含めてすべての単語（1,306 語）が出力されていま

すが，これを名詞と形容詞に絞ることにしましょう．方法としては，上のdazaiでPOS1が名詞あるいは形容詞どうかを%in%で検索をかけて抽出する方法と，docDF()関数実行時に抽出品詞を指定する方法の二つがあります．

```
> # 検索する
> dazai2 <- dazai [(dazai$POS1 %in% c("名詞","形容詞")), ]
> nrow (dazai2)
[1] 704
> # 解析時に指定する
> dazai <- docDF ("merosu.txt", type = 1, pos = c("名詞","形容詞"))
file_name =   ./merosu.txt opened
number of extracted terms = 704
now making a data frame. wait a while!
> head (dazai [order(dazai$merosu.txt, decreasing = TRUE),], 10)
           TERM    POS1  POS2 merosu.txt
68           の    名詞 非自立         78
559          私    名詞 代名詞         76
110       メロス    名詞   一般         73
502         無い  形容詞   自立         24
20         おまえ    名詞 代名詞         20
156          人    名詞   一般         20
227          友    名詞   一般         18
516          王    名詞   一般         17
104   セリヌンティウス    名詞   一般         14
149          事    名詞 非自立         14
```

A %in% B の構文はベクトルAの要素について，ベクトルBの要素のいずれかに一致する場合はTRUEとなり，さもなければFALSEとなります．すなわち，ここではデータフレームdazaiから，品詞情報POS1が名詞か形容詞である形態素のみを抽出しています．

一方，docDF()関数ではpos引数に品詞をベクトルとして指定することができます．posはpart of speech（品詞）の略です．こちらも704語が残っています．上の実行例では，order()関数を使って降順に並び替えた結果を，head()関数の第2引数に10を指定して，冒頭の10行だけを表示させています．このうち非自立の名詞「の」が78回ともっとも多く，ついで代名詞の「私」が76回使われています．ちなみに非自立の名詞「の」というのは，たとえば以下の用例です

- 結婚式も間近かな「の」である．
- はるばる市にやって来た「の」だ．

日本語の文法にはさまざまな提案があるようで，品詞の区分についても標準的な指標がないようです．形態素解析器 MeCab が準拠しているのは IPA 品詞体系という品詞分類です．詳細は http://chasen.aist-nara.ac.jp/chasen/doc/ipadic-2.6.3-j.pdf を参照してください．

日本語テキストを解析して，単語頻度などを解析することには，さまざまな応用可能性があります．たとえばアンケートに自由記述欄があったとします．従来は，自由記述欄は分析する側が一つ一つ読み通す必要がありました．これは回答者数が増えると大変な手間となりますし，また自由記述欄の評価は，分析者の主観に左右されがちでした．ところが，自由記述欄の文章を形態素解析にかけて分解して単語の頻度として整理することができれば，この情報を性別や年齢などの回答と関連付けて分析することができるようになります．このようにテキストをデータマイニングの対象とする分野を**テキストマイニング**といいます．テキストマイニングの技術を応用すると，たとえばインターネット上にあるブログから，流行の商品の情報などを抽出するなど，さまざまな応用が考えられます．

テキストマイニングに興味を持たれた読者は石田(2008)などを参照して下さい．

第4章

グラフィックスの基礎／グラフィックスで遊ぶ

4.1 はじめに

本章では，Rのグラフィックス機能を活用してみます．実はRには複数のグラフィックス・システムが備わっています．Rをインストールすると，基本グラフィックス・システムと，その拡張システムである **lattice** パッケージが利用できる状態になります．一方 RStudio には，**manipulate** パッケージというインタラクティブ（対話的）な作図機能が追加されています．この機能を利用すると，画面を操作することでカラーや形状を変えることができます．なお本書ではグラフのことをプロットと表現します．

さらにRのグラフィックス機能を拡張する多くのパッケージを追加でインストールして利用することができます．次章の統計解析編で利用する **animation** パッケージもその一つです．最近，Rユーザーの間で人気が高まっているのが **ggplot2** パッケージです．本章では，それぞれのグラフィックスの特徴について紹介します[1]．

4.2 plot() 関数

Rでプロットを描く基本関数は plot() 関数です．たとえば 1:10 のベクト

---

[1] なお本書に掲載するグラフィックスでは，文字サイズなどを強調して表示していることがあります．したがって掲載されているコードを実行した結果と微妙に異なる場合があります．

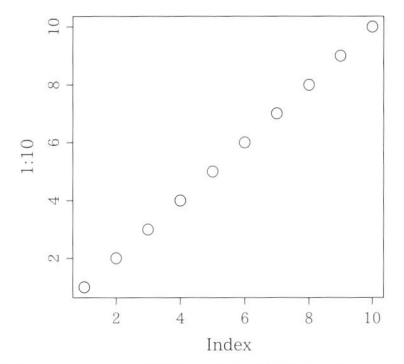

図 4.1 plot() 関数による単純なプロット

ルを引数に plot() 関数を実行すると，図 4.1 のようなプロットが作成されます．

```
> plot (1:10)
```

　plot() 関数は 2 次元のプロットを描く関数ですので，本来は x 軸の値と y 軸の値の二つのベクトルを指定すべきですが，ここではベクトル一つを指定しています．この場合，これは y 軸（高さ）を表す数値となり，x 軸はデータの個数分の整数，つまり 1 から 10 までの数値がふられます．結果として，x 軸で 1 の位置で y 軸の値はベクトルの最初の要素である 1 となり，交差する位置にデフォルトの記号種である白丸が描かれます．これが 10 まで繰り返されています．

　単純なプロットですが，プロットがいくつかの領域に分割されていることに注意して下さい．ここで別の図 4.2 を参照して下さい（この図を作成するコードは本書付録ファイル Chapter04.R を参照して下さい）．このプロットは大まかに三つの領域に分かれます．あるいは三つの領域が入れ子になっています．つまりウィンドウ全体に対して，内部に少し小さな領域があり，さらにその中の領域にデータがプロットされています．R ではウィンドウ全体の枠を**デバイス領域**と呼び，その内部を**描画領域**，さらにその中を**プロット領域**といいます．

　プロット領域にはデータが点や線で描画されます．描画領域には，軸目盛や軸ラベルが描かれます．作図領域の外のデバイス領域は，通常はマージン

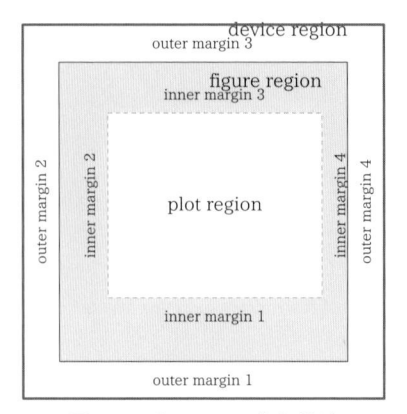

108   第4章　グラフィックスの基礎／グラフィックスで遊ぶ

図 4.2　プロットの内部構造

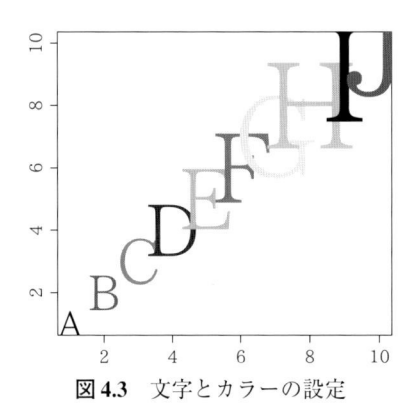

図 4.3　文字とカラーの設定

として空白のままになりますが，テキストなどを描画することもできます．

　Rで棒グラフや散布図，箱ヒゲ図を描く関数などは，データだけではなく座標軸やそのラベルなどを自動的に調整して描画します．このようなグラフィックス関数を**高水準グラフィックス関数**ということもあります．

　高水準グラフィックス関数ではプロットの点の形状やカラーなどを引数で指定します．

```
> plot (1:10, pch = LETTERS [1:10], col = 1:8, cex = 1:10)
```

実行すると図 4.3 が表示されます．

ここで引数 pch はプロットの形状を指定します．デフォルトでは白丸ですが他の記号種を指定することができます．変更の方法は，本章の 4.6 節に紹介します．また記号として任意の文字を指定することもできます．ここではアルファベット大文字の最初の 10 個を使いました．記号のサイズは cex にデフォルトの大きさに対する倍数として指定します．ここではデータごとに 1 から 10 までの整数を指定して大きさを変更しています．col はカラーを指定します．R でカラーを指定するもっとも簡単な方法は数値を指定することです．カラーの指定についても，詳細は本章の 4.6 節で述べます．この簡単な方法では 8 種類のカラーしか指定できませんが，9 番目と 10 番目のデータについては自動的にカラーとして 1 番と 2 番が指定されたことになります．すなわち 9 個目のデータと 10 個目のデータのカラーは 1 個目と 2 個目と同じになっています．10 個のデータに 1 から 8 の数値で表現されるカラーを指定したとき，残り 2 個については自動的に 1 から 8 の数値を循環的に適用し，最初の 2 個の数値，すなわち 1 と 2 が適用される仕組みを**リサイクル**といいます．

リサイクル：

ベクトルを演算の基本単位とする R にはリサイクルという仕組みがあります．たとえば 10 個のデータをプロットする際，カラーとして赤と青の 2 色だけを指定したとします（カラーによっては名前で指定することもできます）．

```
> plot (1:10, col = c ("red", "blue"))
```

作成されるプロットでデータは赤と青が交互に使われているはずです（プロットの掲載は省略します）．すなわち R では，ベクトルの数が足りないような場合，先頭から必要な数だけ自動的に繰り返すわけです．

ただリサイクルを行ったとき，繰り返し回数が半端になる場合には警告が表示されます（エラーではありません）．以下の処理では最初に rep() 関数を使って 10 個の 10 からなるベクトル x を用意しています．次に，このベクトルの最初から順に 2 と 5 で割った結果を得るため，演

算子 / の右辺にベクトルの c(2,5) を指定して実行しています．次に，x を最初から順に 2,5,10 で割った結果を得ようとして，c(2,5,10) で割ってみると，答えは表示されますが，長い警告が表示されています．

```
> x <- rep (10, 10)
> x
 [1] 10 10 10 10 10 10 10 10 10 10
> x / c (2, 5)
 [1] 5 2 5 2 5 2 5 2 5 2
> x / c (2, 5, 10)
 [1] 5 2 1 5 2 1 5 2 1 5
警告メッセージ：
In x/c(2, 5, 10) :
  長いオブジェクトの長さが短いオブジェクトの長さの倍数になっていません
```

10 個の数値を，三つの数値で順に割ろうとすると，一つだけ 4 回利用されることになります．すなわち 5 と 10 は 3 回割り算の分母になりますが，2 だけは 4 回分母として使われます．これは 10 が 3 の倍数にはなっていないからです．このような場合 R は，計算そのものは実行しますが，コードがユーザーの意図通りに動作しているのかどうかを確認する意味で警告を表示するのです．

これに対してプロットの一部の要素，たとえば点やラベルだけを描画する関数を**低水準グラフィックス関数**といいます．

たとえばデータをプロットする際，個体ごとに識別したいことがあります．この場合 R では，最初にプロットの土台だけを作成しておいて，次に点をプロットすることができます．

```
> plot (1:10, type = "n")
> text (1:10, LETTERS [1:10], col = 1:10, cex = 1:10)
```

これは先程の図 4.3 と同じプロットを別の方法で作成したにすぎません．引数 type に "n" を指定すると，軸や目盛などは描画されますが，データ点そのものはプロットされません．データの描画には別の低水準グラフィックス関数を利用します．たとえば text() 関数では第 1 引数で指定した座標点に，第 2 引数で指定した文字（あるいは文字列）を描きます．

いずれにせよ，Rではプロットの構成要素はコードによって指定ないし変更するのが普通です．そのため作成したプロットの画像を後からマウスなどで変更することは，基本的にはできません．

4.3　manipulate パッケージ

RStudio にはインタラクティブ（対話的）にプロット記号などを変更する方法が用意されていますので，試してみましょう．まず **manipulate パッケージ** をロードします．ロードの方法は 16 ページを参照して下さい．そして次のようなコードを実行してみましょう．

```
manipulate (plot (1:10, col = myColors),
            myColors = pickers ("red", "green", "blue"))
```

manipulate() 関数の第 1 引数には，描画関数を指定します．この際，インタラクティブに変更を行いたい引数を指定します．ここでは col（カラー）を変更させるのに "myColors" というオブジェクトを指定します．そして manipulate() 関数の第 2 引数に，このオブジェクトを定義します．pickers() 関数はピッカー（リストから要素をマウスで指定するウィンドウ）を作成します．実行するとファイル・パネルに図 4.4 が表示されます．左上の歯車のアイコンを押すとダイアログが表示されます．ここでカラーを選択できるようになります．ピッカーで選択すると，plot() 関数の col 引数に選択したカラーが設定されてプロットが再描画されます．

もう少し複雑な例をみてみましょう．manipulate() 関数のヘルプからサンプルを引用します．

```
manipulate(
 plot (cars, xlim = c (x.min, x.max), type = type,
       axes = axes, ann = label),
 x.min = slider (0,15),
 x.max = slider (15,30, initial = 25),
 type = picker ("p", "l", "b", "c", "o", "h", "s", "S", "n"),
```

112　第 4 章　グラフィックスの基礎／グラフィックスで遊ぶ

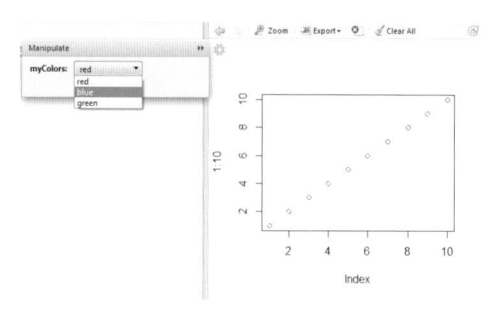

図 4.4　manipulate() 関数によるインタラクティブなプロット

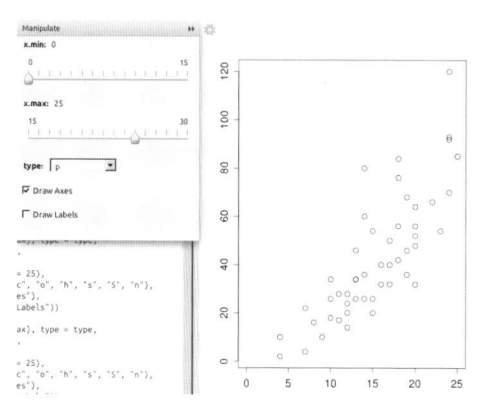

図 4.5　manipulate() 関数によるやや複雑なプロット

```
axes = checkbox (TRUE, "Draw Axes"),
label = checkbox (FALSE, "Draw Labels")
)
```

　cars はデータフレームで，変数 speed は時速（マイル）を，変数 dist は停止までの距離（フィート）を表しています．すなわち車ごとに時速と距離の二つが計測されたデータです．上記のコードを実行すると散布図が表示され，左上の歯車のアイコンをクリックすると，図 4.5 のダイアログが現れます．

　x.min は横軸 x の目盛の最小値を，x.max は最大値を調整することができます．type はプロットの記号の種類を指定します．Draw Labels にチェッ

クを入れると，x 軸と y 軸のラベルが追加されます．

　ユーザーがプロットをインタラクティブに調整できる機能を加えるため，上の manipulate() 関数では，slider() 関数でユーザーがマウスで目盛を設定するためのインターフェイスを設定しています．引数 initials で初期値を指定することができます．引数 picker() 関数 はドロップダウン操作を，また引数 checkbox() 関数 はチェックボックスを表示します．第 1 引数に TRUE を指定すると，デフォルトでチェックが入った状態で表示されます．

　データ分析では，いきなり統計的な解析を始めるのではなく，まずデータの概要を把握するためにプロットを作成するのが普通です．このようなプロットは，論文やプレゼンテーションに使うわけではなく，参考資料にすぎませんから，凝った装飾などを追加する必要はありません．単に x 軸の範囲を変えてデータの分布を確認したりするだけであっても，R ではコードを修正して全体を実行しなおすのが通常の方法です．これは面倒な作業であるのも事実ですから，manipulate() 関数を使ってマウスで調整を行うのは，手間の軽減になって便利でしょう．

　以下では，R 本体に備わっている主な高水準グラフィックス関数と低水準グラフィックス関数，そして R に標準で含まれている **lattice** パッケージによる多変量プロット，追加でインストールすることによって利用可能な **ggplot2** パッケージについて紹介します．

4.4　高水準グラフィックス関数

　plot() 関数は，データの描画だけではなく，座標軸やタイトルなどのラベルも同時に作成してくれる高水準グラフィックス関数です．plot() 関数では引数 type を調整することで，データ点の描画方法を変更することができます．実は前節の図 4.5 で type に picker() 関数を指定しましたが，これに引数として渡した"p", "l", "b", "c", "o", "h", "s", "S", "n" のいずれかから選択することができます．たとえば棒グラフ風のプロットであれば，"h" を指定します．

```
plot (cars, type = "h")
```

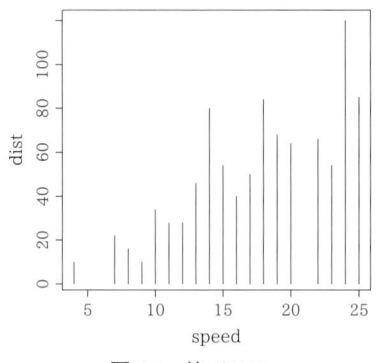

図 4.6 棒グラフ

実行すると図 4.6 が描画されます．"h" はヒストグラム (histogram) の略語です．その他のアルファベットもプロット種の略語になっていますが，詳細は?plot を実行してヘルプを参照するか，前節の図 4.5 で type の指定を変えて確認してみて下さい．

このように plot() 関数は汎用的なグラフィックス関数であり，これだけでも多様なプロットを作成できますが，特定の種類のプロットに特化したグラフィックス関数も多数用意されています．以下，いくつか紹介します．

4.5 散布図

plot() 関数は type 引数が指定されない場合，散布図が描かれます．散布図には横軸（x 軸）と縦軸（y 軸）があり，それぞれの目盛の交差する場所にデータを表す記号（標準では白抜きの丸）が描かれます．したがって，ある対象について異なる二つの側面が計測されていることになります．ここで再び cars データフレームを使い，時速を x 軸に，また距離を y 軸にとってプロットしてみましょう．その前に時速はキロメートル，距離はメートルに変換してみます．1 mph は約 1.6 km/h です．1 ft は約 0.3 m です．データフレームの変数の値を変換する方法はいくつかありますが，もとの変数はデータフレームにそのまま残し，別に変換された数値列を追加するのが適当でしょう．ここでは方法を二つ示しておきましょう．まずデータフレーム名の後に

4.5 散布図

$ を付けて新しい変数を加えるには次のようにします．

```
> cars $ speed2 <- speed * 1.6
> cars $ dist2 <- dist * 0.3
> head (cars)
  speed dist speed2 dist2
1     4    2    6.4   0.6
2     4   10    6.4   3.0
3     7    4   11.2   1.2
4     7   22   11.2   6.6
5     8   16   12.8   4.8
6     9   10   14.4   3.0
```

もう一つの方法は transform() 関数を使うことです．以下のように実行します．

```
> cars <- transform (cars, speed2 = speed * 1.6, dist2 = dist * 0.3)
```

どちらを実行しても，cars の中身は同じになります．新たに追加した二つの変数を使って散布図を描きます．

```
> plot (dist2 ~ speed2, data = cars,
+       main = "速度と停止距離の関係",
+       sub = "datasets::cars の変数を変換",
+       xlab = "速度 (km/h)", ylab = "距離 (m)")
```

plot() 関数に多数の引数を追加してみました．実行すると図4.7が描画されます．

引数の説明をしましょう．最初の引数は変数間の関係を表しています．ここでチルダ (~) を使い，左辺に距離 (dist2) を，右辺に速度 (speed2) を指定しています．これは距離を速度で説明することを意味し，あるいは「距離を速度に回帰する」などとも表現します．統計解析では，このようにチルダ (~) を使い，変数間の関係を表すことがあり，**モデル式** (model formula) といいます．R でモデル式は，後で説明する回帰分析などで多用されますが，分析だけではなくグラフィックスを描く式としても利用されます．

data はデータを指定する引数です．データフレームを指定することで，その変数列にアクセスできます．main と sub はそれぞれプロット上部と下部にタイトルを描きます．xlab と ylab は x 軸と y 軸のラベル指定です．

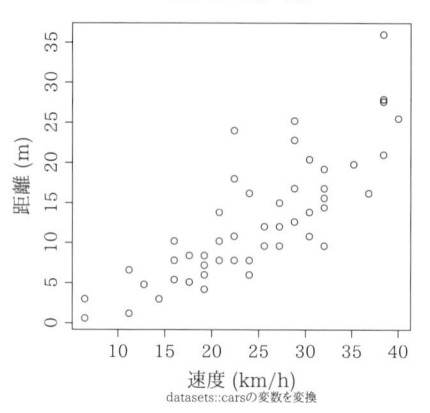

図 4.7 ラベルを調整した散布図

散布図の記号は pch で変更可能です．実はデフォルトのプロットでも，作成後に個体を識別する番号を後から加える程度の修正は可能です．プロットのウィンドウが開かれている状態で identify() 関数に引数として描画データを与えて実行すると，R コンソールがペンディング状態になります．ここでは cars データフレームの speed2 と dist2 列だけがプロットの対象なので，添字を使って指定しています（列名を引用符で囲んで指定していますが，これは 3, 4 列目にあたるので cars[,3:4] と指定することも可能です）．そこでプロット上のデータ点の近辺をクリックすると，そのデータの番号（行数）が追加で表示されます（図 4.8 参照）．

```
> identify (cars [, c ("speed2", "dist2")])
[1]  1  3  4 10 12
```

データ番号の追加を終了したい場合は，プロット上の適当な場所で右クリックします．すると R コンソールのペンディング状態が解除され，クリックされたデータ番号が表示されます．

あるいは任意の位置に任意のテキストを追加することもできます．これにはテキストを追加する**低水準グラフィックス関数**である text() 関数と，座標を返す locator() 関数を併用します．

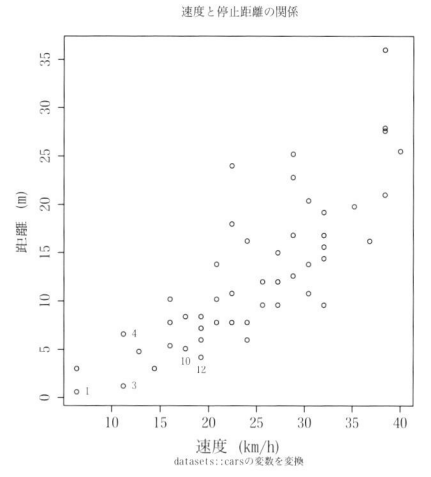

図 4.8 ラベルの追加

```
> text (locator (1), "トヨタ")
```

　実行すると，コンソールがペンディング状態になりますので，プロットの上の適当な場所をクリックすると，その位置に「トヨタ」と表示されます（作成される図は省略します）．
　locator() 関数に 1 を指定しているのは，1 個だけラベルを追加するという意味です．複数個を指定することもできますが，その場合は同じ数の文字列をベクトルとして指定します．

```
> text (locator (2), c ("トヨタ", "日産"))
```

　複数個のラベルを追加しようとする場合，クリックするたびにラベルが表示されるのではなく，追加すべき箇所をすべてクリックし終わった段階で，まとめて表示されることに注意して下さい．
　もう少し複雑な散布図を作成してみます．R には iris というデータがあります．あやめの異なる 3 品種 (Species) からそれぞれ 50 体をサンプルとし，花びら (Sepal) およびガク (Petal) の横幅 (Width) と長さ (Length) を記録したデータです．ここでは花びらの長さを x 軸に，また幅を y 軸にとった散布図を作成してみます．この際，品種ごとに記号とカラーを変えてみます．記

号は引数 pch で,またカラーは col で指定します.引数で記号種やカラーを指定する場合は,データの数だけ指定しなければなりません.3 品種それぞれ 50 の個体がありますので,本来は 150 個の指定が必要になるわけですが,R はベクトルで指定できます.プロット記号は 1 から 25 までの数値で種類を変えることができます(本章の 4.6 節に説明します).ここでは品種が3 種類あるので,3 種類のカラーが必要です.そこで 1, 2, 3 を指定します.このために iris の Species 変数を利用します.この列には個体の品種である setosa, versicolor, virginica が記録されていますが,R 内部では因子として 1 から 3 までの整数が対応付けられています.この整数を取り出すには変数に c() 関数を適用します.col 引数にも同じベクトルを渡しますが,こちらは自動的に整数に変換してくれるので c() 関数は不要です.

```
> plot (Petal.Width ~ Petal.Length,
+       pch = c (Species), col = Species,
+       las = 1,  cex = 1.8,  data = iris,
+       xlab = "花びらの長さ (cm)",
+       ylab = "花びらの幅 (cm)")
```

せっかく記号とカラーを品種ごとに分けたので,図に説明を追加したいと思います.これを**凡例**といい,legend() 関数で追加することができます.locator() 関数を使って追加する位置をマウスで指定します.第 2 引数に関数名と同じ引数を指定していますが,これが凡例に加えるラベルです.上では Species 変数を整数に変換しましたが,ここでは levels() 関数で変数に使われているラベル(文字列)を取り出します.品種に 3 種類あるので,凡例で必要になるのは三つのラベルです.同様に pch と col も 3 種類指定しますが,注意するのはプロットで利用した記号種やカラーと同じ 1, 2, 3 を指定することです.

```
> legend (locator (1),  legend = levels (iris$Species),
+         pch = 1:3, col = 1:3,  text.col = 1:3, cex = 1.8)
```

実行後,プロット上の適当な場所をクリックすると,凡例が追加されます.最終的に作成されるプロットが図 4.9 になります.

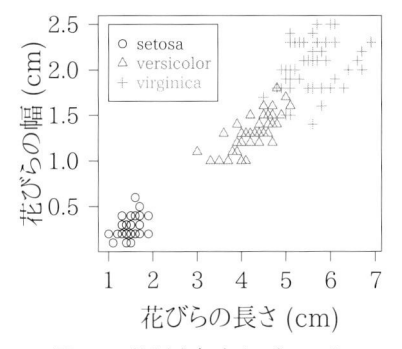

図 4.9 凡例を加えたプロット

4.5.1 拡張パッケージによるプロット

データの分布（131 ページを参照）を確認したり，あるいは簡単なレポートに掲載するには plot() 関数の出力で十分なはずです．しかしプレゼンテーションなどに添えるには，もう少しみばえのするプロットが欲しいと感じるユーザもいるでしょう．もちろん基本機能を駆使してプロットを加工していくことは可能です．ただし，その場合，R の低水準グラフィックス関数などについての十分な知識が必要となります．

この手間を軽減しながら，プレゼンテーションにも十分に耐えるプロットを作成するためのパッケージが R には複数用意されています．その代表が **lattice** パッケージと **ggplot2** パッケージです．それぞれ独自のグラフィックス思想にもとづくパッケージであり，使いこなすには慣れが必要です．本書では，簡単に紹介する程度にとどめますが，興味のある読者はショーカー (2009) やウィッカム (2011) を参照してください．

iris データのプロットを **lattice** パッケージと **ggplot2** パッケージで作成してみましょう．

lattice パッケージでは以下のように実行します．

```
> library(lattice)
> xyplot(Sepal.Width ~ Sepal.Length,
+        groups = Species, data = iris)
```

散布図を描く xyplot() 関数にはモデル式を指定します．ここで groups 引

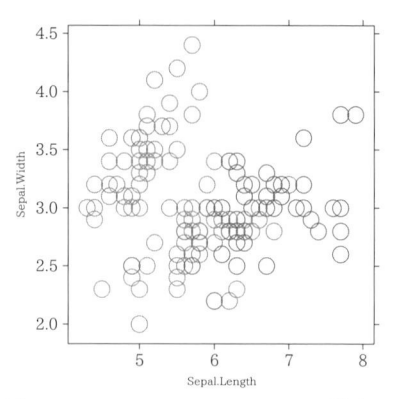

図 4.10　lattice パッケージによる散布図

数を追加指定することで，品種ごとに色分けがなされます．なお lattice パッケージではウィンドウにプロットを描画する場合と，ファイルにプロットを書き込む場合では作図スタイルが異なります．たとえば以下のコードを実行すると，グラフィックス用のウィンドウが開くことなく，プロットの書き込まれた PDF ファイルが作成されます．lattice パッケージでは PDF ファイルとしてプロットを出力する場合，自動的にモノクロの設定になります．この場合，品種はカラーではなく，プロット記号で区別されます．

```
> pdf (file = "C:/data/Iris.pdf")
> xyplot (Sepal.Width ~ Sepal.Length,  groups = Species, data = iris)
> dev.off()
```

　プロットをファイルへ書き込む場合，まず最初に目的とする画像フォーマット形式をそのまま名前とした関数に，新規に作成する画像ファイル名を二重引用符で指定します．今の場合には PDF ファイルを作成する pdf() 関数に，新規ファイルの保存場所とファイル名を指定しています．

　保存可能な画像フォーマットを表す関数には，他に png() 関数，jpeg() 関数，postsctipt() 関数，bmp() 関数などがあります．いずれも新規作成するファイル名を引数にして実行し，プロットを描くコードを実行した後 dev.off() 関数を実行するという手順をとります．これはファイルへの書き込みを終えてファイルを閉じるための命令です．

4.5 散布図　121

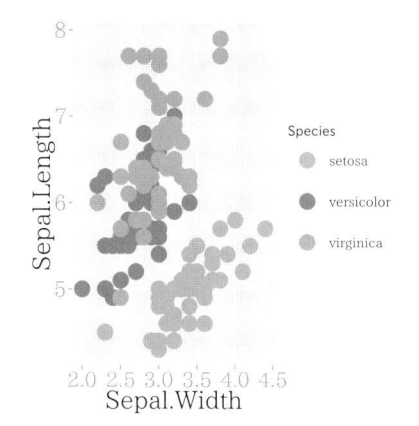

図 4.11　**ggplot2** パッケージによる散布図

　一方Rユーザーの間で広く利用され始めているグラフィックス・パッケージが **ggplot2 パッケージ**です．このパッケージはデフォルトではインストールされていませんので，インターネットに接続可能な状態でインストールしてください．インストール後パッケージをロードします．**ggplot2** パッケージをロードすると，関連する他のパッケージもロードされます（これらはインストール時に自動的に追加されています）．

　ggplot2 パッケージで中心となる描画関数は qplot() 関数と ggplot() 関数の二つだけです．この二つの関数に引数や追加レイヤーなどを加えて望みのプロットを作成するのが **ggplot2** パッケージのスタイルです．

```
> library (ggplot2)
> p <- ggplot (iris, aes(Sepal.Width, Sepal.Length))
> p2 <- p + geom_point(aes(colour = Species))
> print (p2)
```

　ggplot2 パッケージでは ggplot() 関数でプロットの土台を作成します．第1引数にデータを指定しています．なお ggplot() 関数ではデータフレーム形式を前提としています．aes() 関数には，簡単にいえば描画対象とする変数名について指定します．しかし，これだけではプロットは作成されません．どのようなプロットを描くのかをレイヤー関数で指定します．ここでは geom_point() 関数で散布図とし，また colour として Species 因子を利用する

ことを指定しています．なお ggplot() 関数ではグラフィックスをオブジェクトとして保存することができます（実は **lattice** パッケージも同様です）．上では p2 というオブジェクトにグラフィックスの構造を代入しています．これに print() 関数を適用することで，初めてプロットが表示されます．あるいは単に p2 を入力して Enter を押すと，自動的に print() 関数を補って実行されます．グラフィックス・オブジェクトには後で要素を追加したり削除したりして，プロットのデザインを変更することができます．詳細はショーカー (2009) やウィッカム (2011) を参照して下さい．

4.5.2 棒グラフ

plot() 関数の type 引数に "h" を指定することで**棒グラフ**を作成することができました．R には棒グラフを作成することに特化した関数も用意されています．VADeaths というデータで棒グラフを作成してみましょう．VADeaths と入力して実行すれば，データ全体が表示されるわけですが，仮に大きなデータだとコンソール画面がデータ表示で埋め尽くされ，場合によっては R がフリーズすることもあります．そこでデータのヘルプを参照してみます．

?VADeaths を実行するとデータについての説明を確認できます．実行すると，右下のファイル・パネルに以下のように表示されます（一部省略しています）．

```
Description:

    Death rates per 1000 in Virginia in 1940.

Format:

    A matrix with 5 rows and 4 columns.

Details:

    The death rates are measured per 1000 population per year.  They
    are cross-classified by age group (rows) and population group
    (columns).  The age groups are: 50-54, 55-59, 60-64, 65-69, 70-74
    and the population groups are Rural/Male, Rural/Female, Urban/Male
    and Urban/Female.
```

4.5 散布図 123

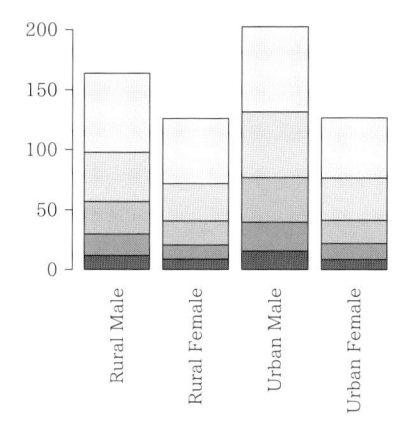

図 4.12 VADeaths データから barplot() 関数で作成した棒グラフ

英文ですが Description の情報に，1940 年の米国バージニア州での人口 1,000 人あたりの死亡率とあります．また Format の情報から，5 行 4 列の行列形式のデータであるようです．Details の欄を要約すると，死亡率について年齢を 6 段階に分け，さらに地方と都市，男性と女性のそれぞれのカテゴリごとに集計した結果を，行列としてまとめたデータであるとわかります．

実際に nrow() 関数と ncol() 関数を使って行数と列数を確認してみます．さらに rownames() 関数と colnames() 関数で行名と列名を表示させましょう．

```
> nrow (VADeaths); ncol (VADeaths) # 行数と列数
[1] 5
[1] 4
> rownames (VADeaths)
[1] "50-54" "55-59" "60-64" "65-69" "70-74"
> colnames (VADeaths)
[1] "Rural Male"   "Rural Female" "Urban Male"   "Urban Female"
```

地域と性別について四つの水準があるわけですが，地域と年齢別に死亡率をみてみましょう．ここで barplot() 関数を使います．

```
> barplot (VADeaths)
```

図 4.12 では横軸に地域と性別のカテゴリがあり，縦軸が死亡率を表します（死亡率は，各年齢において 1,000 人中何人が年間に亡くなるかを意味して

いますので，地域・性別ごとに合計が 100 になるわけではありません）．

それぞれの棒（バー）で内部が分割されていますが，これは年齢区分に対応します．年齢区分を積み上げた棒グラフといえます．

デフォルトだとモノクロになりますが，以下のように col 引数にカラーを指定することもできます．

```
> barplot (VADeaths, beside = TRUE,
+          col = c ("lightblue", "mistyrose", "lightcyan",
+              "lavender", "cornsilk"),
+          legend = rownames(VADeaths), ylim = c(0, 100))
> title (main = "バージニア州の死亡率", font.main = 4)
```

このコードは barplot() 関数のヘルプから引用しました．図 4.13 ではカラーだけではなく，beside 引数に TRUE を指定して，年齢区分を個別の棒として表現しています．また legend 引数には凡例として表示するラベルを与えています．いまの場合はデータの行名であり，具体的には年齢の水準名です．最後にグラフィックス作成後に，title() 関数を使って大見出しを加えています．これは既存のプロットに要素を追加するので，低水準グラフィックス関数ということになります．引数 font.main はフォントの指定です．これは整数で指定します．

- 1：ローマン体
- 2：ボールド体
- 3：イタリック体
- 4：ボールド・イタリック体

作成した棒グラフは R のもっとも基本的なグラフィックス機能を利用しています．シンプルですが，レポートなどに掲載するには十分でしょう．

次に棒グラフを lattice パッケージで作成した例を示します．以下のコードを実行します．

```
> library (lattice)
```

次に barchart() 関数で描画します．この際，t() 関数を使ってもとのデータを転置します（転置については 46 ページを参照して下さい）．各行が地域,

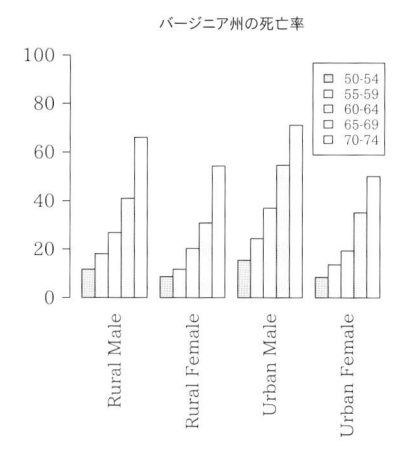

図 **4.13** VADeaths データから barplot() 関数で作成した棒グラフをカスタマイズ

性別，属性を表し，列に年齢が取られているような形式に変えるためです．

```
> barchart (t (VADeaths))
```

実行結果が図 4.14 です．デフォルトでは積み上げ棒グラフが作成されますが，年齢水準を独立した棒として並べるには以下のように実行します．

```
> barchart (t (VADeaths), stack = FALSE)
```

要するに積み上げを意味する引数 stack に FALSE を指定するだけです．

次に **ggplot2** パッケージでプロットしてみますが，**ggplot2** パッケージでは対象とするデータはデータフレームに限るという制約があります．Rではデータ形式を自由に変換できるので，これは大きな問題とはなりませんが，ただVADeaths データの場合，集計して行列にまとめたデータであるという問題があります．この行列は，たとえば表計算ソフトで以下のように記録されたシートを表（Excel ではピボットテーブルなどともいいます）に変換したものです．

126　第4章　グラフィックスの基礎／グラフィックスで遊ぶ

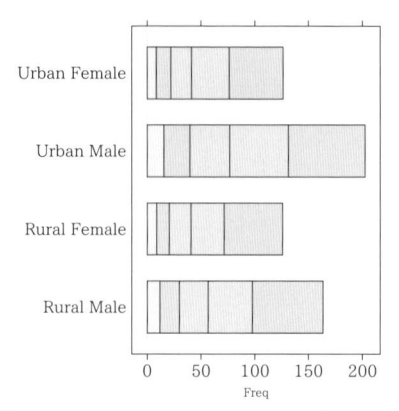

図 4.14　lattice パッケージによる棒グラフ

いま，この表をもとのシートの形式に変えてみます．ここでは **reshape** パッケージの melt() 関数を使います．このパッケージは **ggplot2** パッケージと同時にインストールされています．

```
> library (reshape) # ファイル・パネルの Packages からロードしてもよい
> x <- melt (VADeaths)
> x
      X1          X2 value
1  50-54  Rural Male  11.7
2  55-59  Rural Male  18.1
3  60-64  Rural Male  26.9
... 中略
18 60-64 Urban Female 19.3
19 65-69 Urban Female 35.1
```

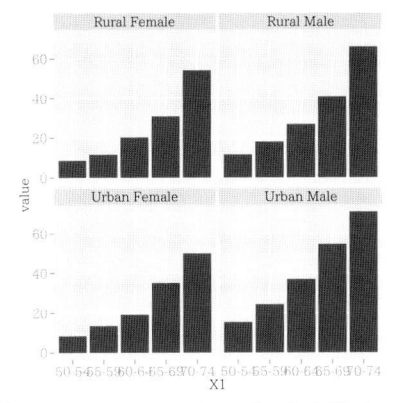

図 4.15　ggplot2 パッケージによる棒グラフ

```
20 70-74 Urban Female   50.0
```

　行列形式の`VADeaths`データと比較して下さい．**ggplot2** パッケージでプロットする場合は，もとのシート形式の方が好都合です．変換されたデータフレーム x を使ってプロットしてみます（図 4.15 を参照）．

```
> library (ggplot2)
> p <- ggplot (x, aes (X1, value))
> p + geom_bar() + facet_wrap(~X2)
```

　最初にパッケージをロードします．続いて ggplot2() 関数にデータフレーム x を指定し，基準とする変数名として x の列名を aes() 関数に指定します．ggplot2() 関数ではこの段階ではプロットの基礎となるオブジェクトが生成されるだけで表示されません．具体的なプロット装飾を + で追加指定する必要があります．これを**レイヤー**といいます．ここでは棒グラフ（geo_bar() 関数）を変数 X2 でグループ化して描画するように指定しています．このように ggplot2() 関数ではレイヤーを追加あるいは変更することで柔軟なプロットを作成する仕組みが用意されています．

　本書では lattice() 関数や ggplot2() 関数について詳細には述べませんが，興味ある読者は先の文献を参考にして下さい[2]．

---

[2] なお 2012 年 4 月現在 http://learnr.wordpress.com/2009/06/28/ggplot2-version-

Histogram of trees$Height

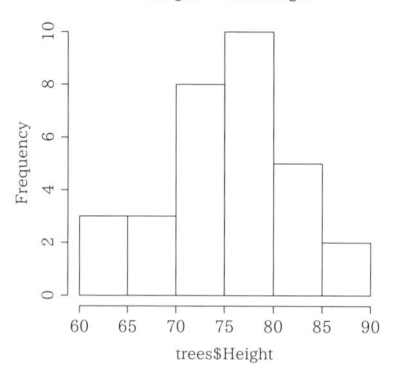

図 4.16　北米桜のヒストグラム

4.5.3　ヒストグラム

棒グラフに似ていますが，用途のやや異なるプロットに**ヒストグラム**があります．棒グラフの場合は，横軸はカテゴリ（水準）で，縦軸はそれぞれの頻度でした．ヒストグラムは形状は似ていますが，横軸のカテゴリに順序があります．身長や試験得点などが典型的な応用例でしょう．

Rの北米桜データ (trees) の変数「高さ」を使ってヒストグラムを作成してみます．

```
> x <- hist (trees$Height)
```

図 4.16 で，横軸は変数「高さ」を 5 フィートの区分に分け，その範囲に該当する桜の本数が縦軸の目盛になっています．実は hist() 関数を実行した際，返り値をオブジェクト x に代入しています．この関数はヒストグラムを作成するために，データを区間分けするなどの予備作業を行うわけですが，その情報を返しているのです．

```
> x
$breaks
[1] 60 65 70 75 80 85 90
```

---

of-figures-in-lattice-multivariate-data-visualization-with-r-part-1/　で **lattice** パッケージおよび **ggplot2** パッケージが比較紹介されています．

```
$counts
[1]  3  3  8 10  5  2

$intensities
[1] 0.01935484 0.01935484 0.05161290 0.06451613 0.03225806 0.01290323

$density
[1] 0.01935484 0.01935484 0.05161290 0.06451613 0.03225806 0.01290323

$mids
[1] 62.5 67.5 72.5 77.5 82.5 87.5

$xname
[1] "trees$Height"

$equidist
[1] TRUE

attr(,"class")
[1] "histogram"
```

このオブジェクトはリストの形式になっており，7つの要素があります．これらの要素には名前が付いており，オブジェクト名 x の後ろに $ を挟み，要素名を続けることで個別にアクセスすることもできます．たとえば x$breaks は「高さ」の区間分けの情報が含まれています．図4.16 の横軸と比較して下さい．一番左の区間は 60 を超え，65 まで（65を含む）の区間となります．なお区間のことを**ビン** (bin) ともいいます．次に x$counts はそれぞれの区間に該当する樹木の数で縦軸に相当します．

hist() 関数のbreaks は指定することができます．区間幅を指定して描画しなおすと，プロットの印象ががらっと変わってしまうことがあるので，注意が必要です．

```
> y <- hist (trees$Height, break = c (60, 70, 80, 90))
```

図4.17では，区間を三つにしています．

ヒストグラムで最適な区間分けは難しい問題ですが，R の hist() 関数では**スタージェスの公式**が使われます．この関数では内部で nclass.Sturges() 関数を呼び出して区間を求めています．R の関数は多くの場合，丸括弧を省

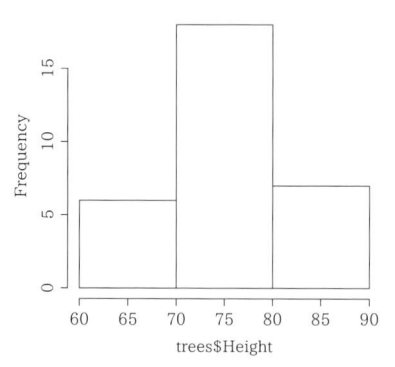

図 4.17　北米桜のヒストグラムで区間を三つに指定.

き，関数名だけをコンソールで実行すると確認できます．

```
> nclass.Sturges
function (x)
ceiling(log2(length(x)) + 1)
<bytecode: 0x4501ad8>
<environment: namespace:grDevices>
```

　詳細は省きますが，この関数は ceiling(log2(length(x)) + 1) と定義されています．

```
> log2 (c (1,2,4,8,16,32))
[1] 0 1 2 3 4 5
```

　log2() 関数は 2 を底とした**対数**を求める関数です．引数で指定した数値が 2 の何乗になっているかを求めます．たとえば 1 は，2 の 0 乗 (2^0) と定義されています．2 は 1 乗で (2^1)，4 は 2 の 2 乗です (2^2)．要するに 2 の右肩に乗る数値が関数の出力になっていることに注意して下さい．また ceiling() 関数は天井を意味しますが，要するに切り上げを意味し，端数が出た場合は桁を切り上げます．桜のデータにあてはめてみます．

```
> nclass.Sturges(trees$Height)
[1] 6
```

　スタージェスの公式によれば 6 区間に分けるのが適当と判断されます．

これは最初のヒストグラムにおける区間に他なりません．ヒストグラムを作成する場合，通常はRのデフォルト設定をそのまま利用するのが無難でしょう．

ヒストグラムは，**データの分布**を確認するのに役立ちます．データの分布を確認するとは，どこに中心があるか，データ全体が中心に集まっているか，あるいは散らばっているか，などを考えることです．分布を考察する目的にふさわしいグラフィックスとしては他にもいくつか候補があります．次の節で箱ヒゲ図を紹介しましょう．

4.5.4 箱ヒゲ図

箱ヒゲ図はboxplot()関数を使って描きます．

```
> x <- boxplot(trees$Height)
```

箱ヒゲ図は，その名の通り，箱 (box) が中心に描かれるプロットです．箱の中央の太い実線は**中央値**を表します．中央値とは，データを大きさで並び替えた場合に，真ん中に位置するデータ値のことです．データが偶数個ある場合は，中央の二つの値を足して2で割るなどして求められます（たとえば1, 2, 3, 4 であれば 2 + 3 の結果を 2 で割ります）．箱の上（フタ）は**第3四分位点**を，また箱の下（底）は**第1四分位点**を表します．分位点とはデータを分割する際の区切りに位置するデータの値のことです．たとえばデータを均等な幅で4分割するとします．この場合，データの中央値が基本的な区切り

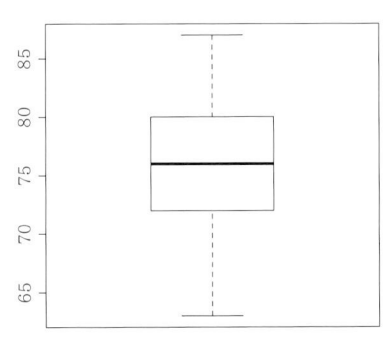

図 4.18 基本関数による箱ヒゲ図

になり，さらに中央と最小値の中間と，中央値と最大値の中間の二つを区切りとすることで，データが4分割されます．ここで，中央値は第2四分位点，その下の区切りが第1四分位点，上の区切りが第3四分位点となります．

また箱の蓋あるいは底から延びている垂直の線の長さは，四分位範囲の1.5倍より小さいか，あるいは大きいデータ点の位置を意味しています．この線分を**ヒゲ** (whisker) といいます．**四分位範囲**とは第3四分位点から第1四分位点を引いた長さです．注意すべきなのは，ヒゲの長さは，上であれば第3四分位点と同じか小さいデータ位置までの長さとなり，下であれば第1四分位点と同じか大きいデータ位置までの長さになります．したがって上と下のヒゲの長さが互いに等しい保証はなく，また片方が極端に短くなっている場合もあるということです．

boxplot() 関数の返り値を調べて，四分位点などの情報を確認してみましょう．オブジェクト x の $stats 要素が，それぞれの値になります．先に箱ヒゲ図を作成する際，返り値をオブジェクト x に保存しています．このオブジェクトの中にいくつかの情報が保存されています．

```
> x
$stats
     [,1]
[1,]   63
[2,]   72
[3,]   76
[4,]   80
[5,]   87

$n
[1] 31

$conf
         [,1]
[1,] 73.72979
[2,] 78.27021

$out
numeric(0)

$group
```

```
numeric(0)

$names
[1] "1"
```

　boxplot() 関数の返り値はリストです．各要素には名前があるので，x$stats などとしてアクセスできます．stats は**基本統計量** (statistics) のことですが，5 行の出力があります．これは上から，最小値，第 1 四分位点，中央値，第 3 四分位点，最大値を表しています．$n はデータ数，$conf は confidence の略語で，**信頼区間**を表しています．信頼区間とは，中央値が 95% の割合で位置する範囲を表しています．すなわち，このデータに母集団があるとして（母集団については 175 ページで述べます），今回のサンプルから求めた信頼区間は 73.7 フィートから 78.3 フィートまでであり，この間のどこかに母集団の中央値が 95% の確率で位置しているということです．この信頼区間は，第 1 四分位点と第 3 四分位点から求められており，**ノッチ**(notch) ともいいます．まず四分位範囲を求めます．これは第 3 四分位から第 1 四分位を引いた値なので，この場合は 80 − 72 = 8 です．次に四分位範囲に 1.58 を乗じます．ただしデータ数を考慮して，この積をデータ数の平方根で割ります．つまりデータ数が多いほど誤差は小さくなります．こうして求められた誤差幅を，データの中央値にプラスマイナスした結果がノッチです．この計算手順を R で行うと次のようになります．

```
> 76 + (8 * 1.58 / sqrt (31))
[1] 78.27021
> 76 - (8 * 1.58 / sqrt (31))
[1] 73.72979
```

　別のデータで箱ヒゲ図を作成してみましょう．データは殺虫剤の効果を確認するもので，A, B, ..., F と 7 種類の薬剤について，死んだ虫の数を調べたデータです．

```
> y <- boxplot (count ~ spray, data = InsectSprays,
+               col = "lightgray")
```

　この箱ヒゲ図では薬剤種ごとに 7 つの箱が描画されています．それぞれの中央値と第 1 四分位数，第 3 四分位数がわかりますが，3 つ目と 4 つ目の

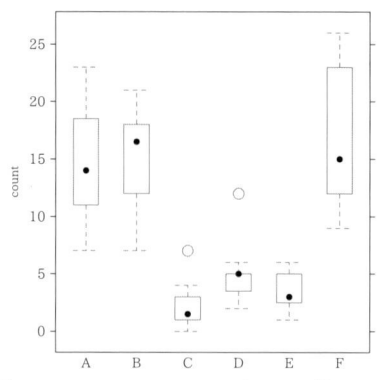

図 4.19　lattice パッケージによる箱ヒゲ図

データについては，ヒゲのさらに上に小さな白丸があります．これらは**外れ値**(outlier)といいます．外れ値が存在する場合，それらをデータ全体の中に残しておくことに意味があるかどうか検討が必要です．記録ミスである可能性もあるからです．

　このケースでは，それぞれの 95% 信頼区間をざっと比較してみます．すると，A, B, F の薬剤それぞれのヒゲの範囲と，残りの C, D, E のヒゲが重なっていないことが確認できます．すなわち薬剤の効き方は大きく二つのグループに分かれ，それぞれの効果ははっきり異なっているようです．箱ヒゲ図によって視覚的に異なる結果が得られた場合は，後の章で解説する統計的検定をあえて実行する必要もないかもしれません．もちろん数値にもとづく統計学的な判断も重要です．これについては第 7 章で**分散分析**として紹介します．

　箱ヒゲ図についても lattice パッケージと ggplot2 パッケージによるプロットを作成してみます（図 4.19 および図 4.20 参照）．

```
> bwplot (count ~ spray, data = InsectSprays)
```

　このように lattice パッケージの場合，目的とするプロットの種類ごとに関数が用意されています．

　一方，**ggplot2** パッケージでは，基本的には常に ggplot() 関数で描画を行いますが，レイヤーを箱ヒゲ図と指定します．

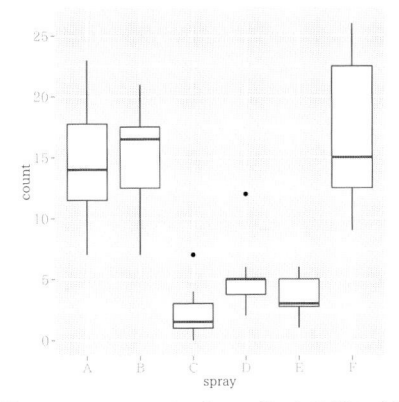

図 4.20　ggplot2 パッケージによる箱ヒゲ図

```
> p <- ggplot(InsectSprays, aes (spray, count))
> p + geom_boxplot()
```

最後の行ではオブジェクト p に + 演算子をつないで実行しています．この場合，直ちにプロットが表示されます．

4.6　プロット記号やカラーの指定

最後に，プロットの記号やカラーの指定について補足しておきましょう．基本となる plot() 関数では，引数に数値や文字列を指定することで記号やカラーを変更することができます．記号のサイズは引数 cex に，デフォルトの倍数として指定します．

記号の種類は引数 pch で指定します．これは 1 から 25 まで指定できます．以下のコードは Murrell(2009) の第 3 章からの引用です（ただし記号のサイズやカラーを変更する修正を筆者が追加しました）．

```
> grid.rect (gp = gpar(col = "grey"))
> for (i in 1:nrow) {
+   for (j in 1:ncol) {
+     x <- unit(j/(ncol+1), "npc")
+     y <- unit(i/(nrow + 1), "npc")
+     pch <- (i - 1) * ncol + j - 1
```

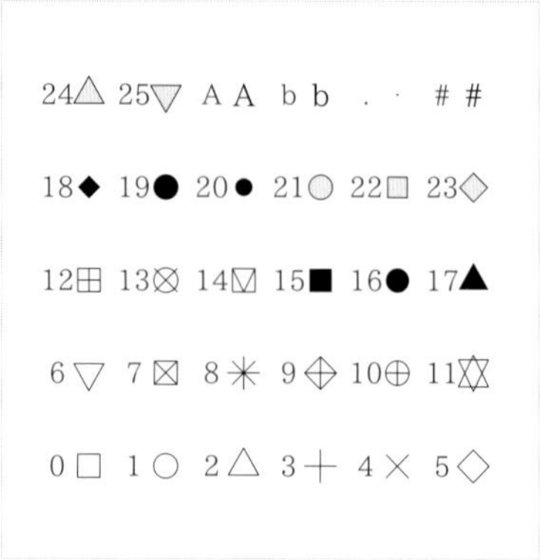

136　第4章　グラフィックスの基礎／グラフィックスで遊ぶ

```
         24△ 25▽  A A  b b  . .   # #

         18◆ 19● 20● 21○ 22□ 23◇

         12⊞ 13⊠ 14▽ 15■ 16● 17▲

          6▽  7⊠  8✳  9✦ 10⊕ 11⊠

          0□  1○  2△  3+  4×  5◇
```

図 4.21

```
+    if (pch > 25)
+      pch <- c ("A", "b", ".", "#")[pch - 25]
+    grid.points(x + unit(3, "mm"), y,
+      pch = pch, gp = gpar(fill = "yellow", cex = 2))
+    grid.text(pch, x - unit(6, "mm"), y,
+           gp = gpar(col = "grey", cex = 1.8))
+  }
+ }
```

　実行すると図4.21が描かれます．この図で，左の数値をplot()関数の引数pchに指定すると，その右隣りにある記号が描かれるという意味です．左下から右上に0から25までの記号が指定されています．数値として指定できるのは0から25までです．25を超えて，26, 27, 28, 29には文字列でアルファベットとドット，シャープ記号を直接指定しています．また21から25に関しては，内部を塗りつぶすカラーを指定することもできます．

　一方，カラーですがcol引数で指定します（カラー画像ではありませんが，図4.22を参照して下さい）．

```
> plot (1:10, col = 1:10, cex = 12.0, pch = 19)
```

　数値では1から8までの数値で基本的なカラーを指定できます．8を超える数値を指定してもエラーにはならず，9は1として，また10は2として描画されていることに注意して下さい（109ページのコラム「リサイクル」を

4.6 プロットの記号やカラーの指定

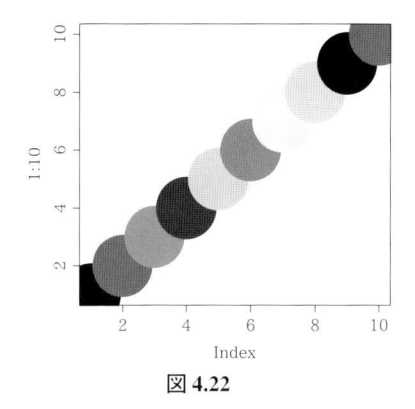

図 4.22

参照してください).

Rではこの他に多様なカラーを指定できます．たとえばcolors()関数では657種類のカラー名が定義されています．最初の10色だけカラー名を表示させてみます．

```
> length (colors())
[1] 657
> colors()[1:10]
 [1] "white"         "aliceblue"      "antiquewhite"   "antiquewhite1"
 [5] "antiquewhite2" "antiquewhite3"  "antiquewhite4"  "aquamarine"
 [9] "aquamarine1"   "aquamarine2"
```

これを使って，たとえば以下のように実行することができます（図4.22参照）．

```
> plot (1:10, col = colors()[1:10], cex = 12.0, pch = 19)
```

この他にrainbow()関数などを利用することができます．
プロットに線分を追加したくなる場合があります．たとえば図4.23を参照して下さい．

```
> plot (1:7, 1:7, type = "n", xlab = "", ylab = "")
> for( i in 1:6) { # プロット下から順に線を追加
+   lines (c (2, 6), c (i, i), lty = i, lwd = 2)
+ }
```

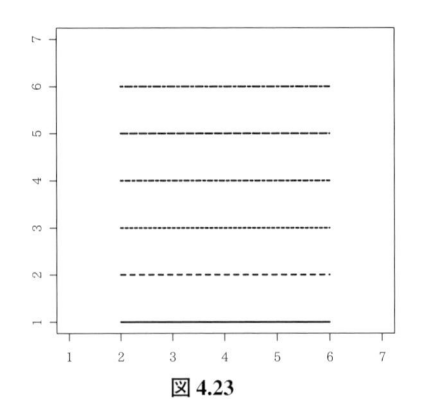

138　第 4 章　グラフィックスの基礎／グラフィックスで遊ぶ

図 4.23

　線分は lines() 関数で追加しますが，第 1 引数は x 軸での始点と終点を，また第 2 引数は y 軸の始点と終点です．線分の太さは lwd に整数倍を，カラーは col に，線種は lty に整数を指定します．線種は以下のように指定されます．

- 1 : solid
- 2 : dash
- 3 : dot
- 4 : dotdash
- 5 : longdash
- 6 : twodash

4.7　プロットの保存

　R で作成したプロットを保存する方法はいくつかあります．最初に RStudio 固有の方法について説明しましょう．

　まず以下のコードで散布図を作成してみます．

```
> library (ggplot2)
> p <- ggplot(iris, aes(Sepal.Width, Sepal.Length))
> p2 <- p + geom_point(aes(colour = Species))
> print (p2)
```

4.7 プロットの保存　139

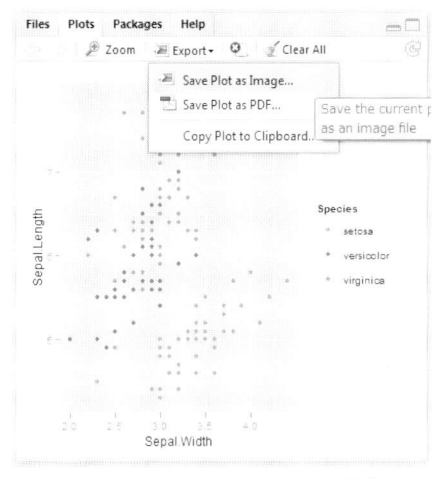

図 4.24　RStudio でのプロット保存 1

RStudio ではファイルパネルの「Plot」タブに画像が表示されます．タブ上部に「Export」というボタンがありますので，これを押します．すると三つのメニューがあります．

- Save Plot as Image...　　「画像として保存」
- Save Plot as PDF...　　　「PDF として保存」
- Copy to Plot Clipboard　「クリップボードにコピー」

画像ファイルを保存する場合は最初の「Image」を選択します．PNG などの画像形式で保存することができます．PDF ファイルとして保存する場合は二つ目の項目を選びます．プロットを高品質な形式で保存することができるのでお勧めですが，日本語を含む場合は注意が必要です（後で補足します）．最後の選択肢は画像をコンピュータのクリップボードにコピーします．クリップボードにコピーされた画像は，Word などに貼り付けることができるようになります．ここでは最初の「Image」を選んだとします．

左上の「Image Format」で画像のタイプを選びます．その下にある「Directory」ボタンでは保存先を変更することができます．「File name」には保存ファイル名を指定します．右上では横 (Width) と縦 (Height) の大きさを指定

図 4.25　RStudio でのプロット保存 2

できるようになっています．大きさを変更した場合，下の「Update Preview」を押して再描画して確認します．確認して問題なければ，右下の「Save」を押します．このとき，左下の「View Plot after saving」にチェックが入っていると，保存された画像ファイルが別ソフトで表示されます．Windows の場合「フォトビューアー」が起動します．

4.7.1　R 本体でのプロット保存

一方，R を単独で起動した場合，グラフィックス・ウィンドウの「ファイル」「別名で保存」から適当な形式を選択することができます（図 4.26）．

また Windows のグラフィックス・ウィンドウには「履歴」というメニューがあります（図 4.27）．これをクリックしてチェックを入れておくと，セッション中に作成したプロットの履歴が保存され，前後のプロットに切り替えることができるようになります．

4.7.2　関数でプロットを保存する

R には，プロットをファイルとして作成するための関数が用意されています．たとえば pdf() 関数は引数に指定された名前の PDF ファイルを作成します．同様の関数に png() 関数や jpeg() 関数，tiff() 関数，bmp() 関数があります．これらの関数では，以下の手順で画像を保存します．

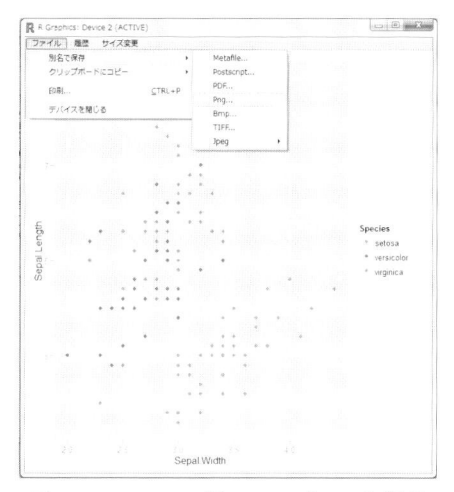

図 4.26　Windows 版 R でのプロット保存

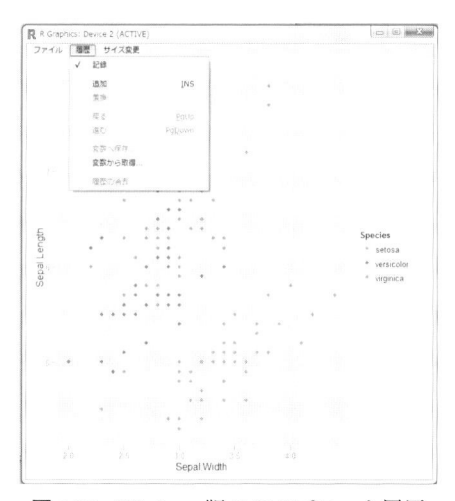

図 4.27　Windows 版 R でのプロット履歴

- 新規ファイル名を引数にして関数を実行する：png (file = "test.png")
- グラフィックス関数を実行する：plot (1:10)
- ファイルを閉じる：dev.off ()

これらの関数を実行すると描画の対象がコンピュータのウィンドウではなく，ファイルになります．これを「デバイスを変更する」といいます．**デバイス**とはコンピュータのスクリーン上のウィンドウや，ファイル，あるいはプリンタのことを意味します．上の関数ではデバイスをファイルに切り替えてプロットを描画するわけです．ファイルをデバイスに変更した場合，最後にデバイスを閉じる処理を忘れないようにします．dev.off () がそのための処理です．これを忘れるとファイルに正しいプロットが残りません．

4.7.3 日本語について

PDFファイルとしてプロットを残す場合，一つ注意点があります．それは日本語の処理です．たとえばWindows版Rでラベルに日本語を使ったプロット作成し，「ファイル」－「別名で保存」を選んで，PDF形式で保存したとします．そして，このファイルをAdobe Readerなどで開いてみると，日本語を指定したはずの部分が「...」のようになっています．pdf() 関数を使った場合も同じように日本語部分が表示されません（実行時には複数の警告が表示されます）．これはMac版Rでも同様です（Macでは豆腐のような白い四角が表示されます）．これを回避する方法は「フォントファミリー」を指定してからプロットを作成することです．次のようにします．

```
> par (family = "Japan1")  # Windows
> # par (family = "Osaka") # Mac OS X
```

実行すると空白のウィンドウが表示されます．これを閉じないで，コンソールないしスクリプトでグラフィックス関数を実行します．この方法で作成したプロットでは日本語は文字化けしません．

日本語を含むプロットを作成するたびに，このような命令を実行するのが不便であれば，Rの環境設定ファイルを用意します．詳細は，本書サポートページから付録のファイルをダウンロードし，解凍したフォルダ内にあるdot.Rprofile.txt を参照してください．

第 5 章
データ解析の基礎

ここからデータ分析について学んでいきます．最初に，そもそもデータとは何かについて解説し，続いてデータの特徴を要約する方法，さらにはデータを可視化，つまりはプロットする方法を学びます．

5.1 統計解析とは何か

統計解析とは，データを統計学にもとづいて分析することです．以下のようなケースを想定してみてください（なお，まったく架空の話です）．

1. あなたの会社が，ある関東ローカル TV 局の放送番組のスポンサーだとします．ただし視聴率が 10% より低くなれば広告の打ち切りを検討することにしています．さて，新入社員のあなたはその判断を任されました．その番組の視聴率については，放送直後に数値が報告されてきます．ここで，ある放送回について視聴率は 8% だったとする報告が届きました．そこで，あなたが広告打ち切りを提案したところ，上司からは「この数値の信頼度を確認するように」と要求されました．視聴率が 8% だとする報告に間違いはありません．上司のいう信頼度とは何でしょうか．
2. あなたの会社が内容量 180 グラムの缶詰を販売していたとします．あなたはこの缶詰の品質管理を担当することになりました．するとある地域の住民グループから「おたくの缶詰を近くのスーパーで 30 缶買って内

容量を測ったところ，平均値が 179 グラムだった．表示より少ない．誇大広告ではないか」という抗議がきました．新入社員のあなたが，あわてて上司に製造工程の見直しを提案したところ，上司からは，その抗議の内容をちゃんと精査しなさいと命じられました．精査とは，どういうことでしょう？

3. 新入社員のあなたは，歩くだけで痩せることのできる靴の開発を進めています．いま試作品が完成したので，効果を実証するためモニター 10 名を募り平均体重を測り，それから 1 ヶ月間この靴を履いてもらいました．実験後にモニターの体重を測ると，その平均値は実験前に比べて半キロほど減っていました．この結果をもとに上司に商品化を提案したところ，分析をやり直すよう指示されてしまいました．何がいけなかったのでしょうか．

三つとも異なる状況を描いていますが，共通するのは，いずれもある数値があって，その値が大きいのか小さいのかを判断しようとしていることです．ところが，この数値にもとづいて新入社員のあなたが下した判断が，上司には評価されていないわけです．

たとえば TV スポンサーの事例では会社の基準は 10 ％未満ならば広告打ち切りであり，そして新人社員のもとに報告された視聴率は 8 ％でした．そこで打ち切りを上司に具申したわけですが，信頼度を求めよという課題を出されてしまいました．なぜでしょう．

視聴率 8 ％という数値について，もう一度確認したところ，調査対象が「関東地方の 300 世帯」ということでした．かなり少ない数です．関東地方の世帯数を正確に把握するのは困難ですが，1500 万を越えると思われます．ところが，この報告では 300 世帯だけを選んで，その視聴率を報告しているわけです．当然ながら，たった 300 世帯の調査から求めた視聴率を，1500 万世帯の視聴率とみなしていいのか，という疑問が生じるはずです．上司のいう信頼度というのは，このことを意味していると思われます．

他の二つの事例も同様の問題があると考えられます．缶詰の事例では，消費者団体は，近くのスーパーで買った 30 個を調査した報告です．痩せる効果があるとする靴の場合も，10 名のモニターにもとづく結果でしたが，この

靴を購入しそうな潜在的な消費者は，もっとたくさんいるはずです．

これらに共通しているのは，全体を測らずに（測ることができないので）一部だけを使っていることです．一部から求めた数値が正確なのかどうかは，実は調べようがありません．そもそも全体を調べることができないからです．しかし，恐らくは正確に一致することはないでしょう．先の例でいうと，1500万を超える世帯の視聴率がちょうど8%である可能性はゼロに近いです．

統計学では調査対象となる集団を**母集団**(population)といいます．これに対して，母集団から抽出した一部の集団を**標本**(sample)といいます．母集団のサイズに比べると，標本のサイズは圧倒的に小さい（少ない）のが普通です．

では標本にもとづく調査結果は無意味かというと，それも正しくありません．それは標本から求めた数値は「当たらずといえども遠からず」だからです．そこで標本から求めた数値については，たとえば次のように報告すべきだったのです．

「本当の視聴率は95%の確率で5%から11%の間にある」

これは視聴率が10%の場合もありうるといっているので，広告打ち切りを決定してしまうのは性急ということになります．しかも，その確率は95%であるという**確率的な判断**まで追加しています．

どうして標本から求めた8%という数値から，このような報告ができるのでしょうか．それは標本から求めた数値が，ある**確率分布**にしたがうことがわかっているからです．データと確率分布との関係を探り，その関係を利用してデータを分析するのが統計解析であり，本章からその解説を行ないます．

5.2 データの種類

統計解析では，**確率分布**という概念を使ってデータを分析します．そのためには確率の説明が必要になりますが，その前にデータとは何か整理しておきましょう．

データ分析が対象とするのは，あるまとまった量の数値やカテゴリです．

表 5.1 入力されたデータの例

学生番号	氏名	性別	時間	数学	国語	英語
001	伊藤	男	多	85	95	98
002	木村	女	中	78	80	88
003	鈴木	男	少	48	70	60
⋮	⋮					

例をあげると，学期末試験における 1 年 A 組 30 名の数学の成績や，男女それぞれの数，一日の学習量を適当に区分に分けたカテゴリ（多，中，少）など，さまざまなデータがあります．データをコンピュータで扱うには表の形式に揃えるのが便利です．Excel などの表計算ソフトは，このような機能に優れています．たとえば表 5.1 のようにまとめます．

一般にデータは，行ごとに観測した対象（ここでは生徒）を並べ，列には対象の何を測った（調べた）かを記録します．たとえば表 5.1 では，一番右の列には生徒ごとの「英語」の点数が上から下まで記録されています．列ごとに記録されているデータのことを**変量**あるいは**変数**と呼びます．英語の点数であれば，生徒ごとに得点が「変わる」のが普通であり，これは実際に試験を実施してみるまでわかりません．逆に全員がまったく同じ点数となること（これを定数といいます）もないでしょう（そうであれば試験をする必要がありません）．

ところでデータにはいくつか種類があります．まずデータの種類を確認しましょう．

5.2.1 　測れるデータと測れないデータ

データには**測れるデータ**と**測れないデータ**があります．測れるデータとは，体重や身長，気温などです．これに対して測れないデータとは，たとえばアンケートで，性別や血液型を選択してもらった場合や，出身県を尋ねたときの回答です．この場合，記録されるのは「女」や「男」などの性別を表す表記（記号）であり，数値ではありません．また優良可のような成績評価には，背景に優は 80 点以上，良は 70 点以上 80 点未満のような分類基準があるかもしれませんが，優良可というラベルそのものは測れません．

5.2 データの種類

二つのデータの違いは直感的にも明らかだと思いますが、やや形式的にいえば、間隔を定義できるかどうかです。体重や気温では、差が10 kgである、あるいは10度であるなどということができます。しかし血液型でA型とB型の差は、O型とAB型の差に等しいと表現するのは不自然です。またテストの成績で、優と可の間の差は、優と良の差と、良と可の差を足した評価である、ということが可能であれば理想的ですが、しかし現実を反映しているとは思われません。

データが測れるのか測れないのかは重要な区別ですので、しっかり覚えてください。

尺度

なお測れるデータは、さらに比例尺度、間隔尺度の二つに、また測れないデータは、順序尺度と名義尺度に分けることができます。やや煩雑になりますが、説明しておきます。

比例尺度の代表は体重です。この場合、**比**と**差**の両方に意味があります。たとえば10 kgから20 kgになった場合と50 kgが60 kgになった場合では、どちらも10 kgの増加ですが、比としては前者が100%増しであるのに後者は20%増しであり、前者の方が「増量感」が大きいです。

一方、**間隔尺度**の代表は温度です。10度が20度に上るのと、50度が60度に上るのは、どちらも10度の上昇ですが、前者が100%増しであるのに後者は20%増しにすぎない、と表現することには違和感を感じます。そもそも温度について、2割増しで暑いだとか、寒いだとかをいうことはできません。これは摂氏という単位が絶対的な原点とはならないからです。国外では華氏という単位も使われていますが、摂氏0度は華氏の32度にあたります。すなわち温度の場合には原点0は自由に設定できます。これに対して、体重の原点0は（人間ではありえないにせよ）重さがないという状態であり、これ以外を原点とすることは考えられません。逆にいうと比例尺度のデータで0はありません。間隔尺度の場合は差だけに意味があり、比に意味はありません。

名義尺度は血液型のような分類を行なうための尺度です。カテゴリカル変数ともいいます。これに対して成績のように、分類に順序がある場合を順

序尺度といいます．**順序尺度**では大小関係を定めることができます．「優」，「良」，「可」であれば，「良」に対して「優」は大きく，「可」は小さいといえます．なお名義尺度や順序尺度を構成する要素を**水準**(level)といいます．たとえば血液型という尺度には，A, B, AB, O の四つの水準があります．成績では「優」，「良」，「可」の三つの水準がありました．

5.3 データの要約

データがあり，ここから情報を抽出する，あるいはメッセージを読み解く第一歩は，要約することです．データを要約する最初の一歩は，プロットを描くことです．

5.3.1 棒グラフ

たとえば「番組を観ていた」か「観ていなかった」かという項目そのものは測れないデータですが，それぞれに回答した世帯数は測る（数える）ことができます．ここで「番組を観ましたか」というカテゴリには「はい」と「いいえ」の二つの水準があるといいます．そして二つの水準それぞれに分類された世帯の数を**頻度**といいます．頻度を棒グラフで表してみましょう．

以下では，実際のデータではなく，シミュレーションで作成した仮のデータを使って，プロットを作成し，分析を行ってみます．

```
> Y <- rep ("Y", 180)   # Y を 180 個生成
> N <- rep ("N", 120)   # N を 120 個生成
> Y   # Y だけ確認
  [1] "Y" "Y" "Y" "Y" "Y" "Y" "Y" "Y" "Y" "Y" "Y" "Y" "Y" "Y" "Y" "Y"
 [17] "Y" "Y" "Y" "Y" "Y" "Y" "Y" "Y" "Y" "Y" "Y" "Y" "Y" "Y" "Y" "Y"
      # 以下略

> YN <- c (Y, N)        # Y と N を結合
> table (YN)            # 頻度を確認
YN
  N   Y
120 180
> barplot(table(YN))   # 棒グラフにしてみる
```

ここで Y は番組を観ていた (YES), N は観ていなかった (NO) に対応させています.「はい」を 1,「いいえ」を 0 と表わす流儀もあります. このようなデータを特に **2値データ**ということがあります. rep() 関数は replicate の略で括弧内の最初の要素 (第 1 引数の文字 "Y") を, カンマに続いて指定された回数 (第 2 引数の 180) で繰り返した結果を, 変数 Y に代入します. Y だけ入力すると, Y が 180 個表示されます. N も同様です. この二つのベクトルを c() 関数 を使って結合します. 変数 YN の要素数は 300 個になります. ここで内訳が Y 180 で N 120 であるのはわかっているのですが, いちおう R を使って頻度表にしてみましょう.

表のことを英語では table といいます. R では table() 関数を使うことで, それぞれの頻度が表示されます. 最後に, この表を (正確には表を出力する命令を) barplot() 関数に適用しています. これで棒グラフが作成されるはずです (図の掲載は省略します). 棒グラフの高さで頻度の違いが一目瞭然です.

5.3.2 ヒストグラム

データが「はい」,「いいえ」ではなく, 缶詰の内容量のように連続的な数値の場合, どのようにプロットを描くことができるでしょうか. 具体的には, 缶詰データとして次のような数値が 30 個あったとします.

```
178.59,181.14,177.6,180.55,178.54,179.32,
180.01,179.44,180.65,181.55,179.2,180.56,
179.9,178.81,179.64,179.63,179.36,178.85,
179.82,182.43,180.47,179.66,181.54,178.98,
180.2,179.87,179.05,179.72,179.34,180.26
```

正確に測ることができれば (小数点以下の桁数を大きく取れば), 内容量がまったく同じだという缶は, おそらく一つもないでしょう. このような数値データを**連続量データ**といいます. これに対して頻度のように, 数値がとびとびのデータを**離散値データ**といいます.

連続量データの場合には, 区間をいくつかに分け, その区間内にあるデー

Histogram of x

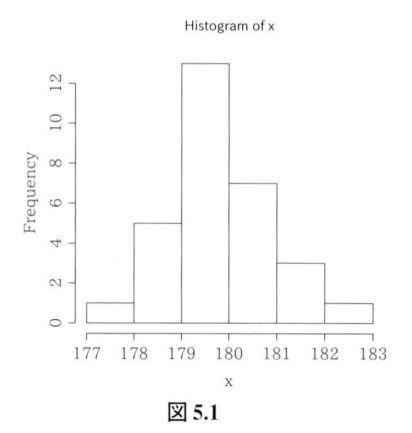

図 5.1

タ数をプロットにすることが行なわれます．これがヒストグラムです．128ページの説明を参考にして，実際にプロットを作成してみましょう．

```
> x <- c (178.59,181.14,177.6,180.55,178.54,179.32,
+       180.01,179.44,180.65,181.55,179.2,180.56,
+       179.9,178.81,179.64,179.63,179.36,178.85,
+       179.82,182.43,180.47,179.66,181.54,178.98,
+       180.2,179.87,179.05,179.72,179.34,180.26)
> hist(x)
```

プロットをみると 177 から 183 の間を自動的に六つに分けて，それぞれの区間に属するデータ数が縦軸に表示されてます．たとえば 177 から 178 の範囲のデータは 1 個だけ (177.6) です．また一番多いのは 179 から 180 の間で 13 個あります．

5.3.3 中央値，平均値，最頻値

データをプロットで要約する方法を説明しましたが，次に数値で要約する方法を説明します．数値で要約するとは，たとえば缶ジュースのデータであれば，30 個の数値を代表する数字を求めることです．こうした数値を**要約統計量**といいます．データを大きさで並び替えて中央に位置する値を代表とする**中央値**(median) は，その一つの方法です．R では次のように求めます．

```
> median(x)
```

```
[1] 179.69
```

これに対して，我々に馴染みが深いのは**平均値**(mean)でしょう．

```
> mean (x)
[1] 179.8227
```

平均値は，いうまでもなく，データを全部合計してデータ数で割った値です．ここで記号に慣れるという意味で数式をあげておきます．

$$\frac{\sum_{i}^{n} X_i}{N} \tag{5.1}$$

N はデータ数（標本サイズ，サンプルサイズともいいます）で，この場合は 30 です．X_i は変数で，右下の小さな i は 1 から N までの整数に置き換えられます．このデータの場合 X_1 は 178.59 で，X_{30} は 180.26 になります．Σ は要素の合計を表わします．R では sum() 関数で求めます．またデータの要素数 N は，プログラミング言語では長さともいいます．R では length() 関数で求めます．

```
> x [1]
[1] 178.59
> x [30]
[1] 180.26
> sum (x)            # 合計
[1] 5394.68
> length (x)         # データ数
[1] 30
> sum (x) / length (x)   # 平均値を算出
[1] 179.8227
```

データを代表する数値には，他に**最頻値**(mode)があります．さきほどのヒストグラムをもう一度作成し，その際 z に代入して表示してみてください．

```
> z <- hist(x)
> z
$breaks
[1]  177 178 179 180 181 182 183

$counts
[1]  1  5 13  7  3  1
```

... 以下略

　ここで $breaks は区間幅であり，最初の区間は 177 から 178，次が 178 から 179 です．ちなみに記号では (177,178], (178,179] と表わされ，前者は 177 より大きくて 178 まで（178 ちょうどを含む），後者は 178 より大きくて 179 まで（179 ちょうどを含む）を意味します．$counts は，それぞれの区間に含まれるデータ数です．この場合，三つ目の区間 (179,180] にデータのうち 13 個が属していることがわかります．三つ目の区間の頻度がもっとも大きいわけです．これはプロットの棒の高さからも明らかです．すなわち，缶詰データでは (179,180] にデータが頻出してます．これが最頻値です．R には最頻値を求める関数はありません．最頻値は区間の取り方によって変わりますので，ヒストグラムを作成して結果から抽出する必要があると理解してください．当然ながら区間幅が変われば，それぞれの頻度数も変わってきます．

　なお新聞やテレビでは，この三つを区別せず，単に平均という場合が多いので注意が必要です．現実のデータでは，中央値，平均値，最頻値の三つが一致することは稀です．たとえば平均月収や平均貯蓄額などを求める場合は，最頻値が適切な要約統計量です．給料や貯金額は，データに極端に高額なケースが混ざることがあり，単純に平均するとこの**外れ値**の影響を受けて，庶民の実感とは合致しない高額になりがちです．むしろ金額に区間を設定して，どの区間の頻度が大きいかを調べるべきでしょう．つまり貯蓄の平均としては最頻値が適切です．

5.3.4 分散

　前節ではデータを要約する数値，すなわち要約統計量として中央値，平均値，最頻値をあげました．これらはデータを代表する値として，データの中心を求めるものでした．これに対して，データの幅を表わす統計量があります．131 ページの箱ヒゲ図では箱の外枠やヒゲの長さで表現されていました．特に第 3 四分位数から第 1 四分位数を引いた四分位範囲は，中央値を中心とした広がりを表わす数値として重要です．

　中央を表わす平均だけでなく，広がりを表わす数値が必要となる理由はなんでしょうか．これを確認するため，これまで話題となっていた缶詰とは，

5.3 データの要約

まったく別の缶詰データが以下のようにあるとします.

```
> new.x <- c (183.08,179.6,176.87,180.87,179.95,177.27,
+       181.62,176.83,179.45,181.3,175.5,178.22,178.41,
+       185.49,180.11,180.11,178.12,180.61,177.25,182.68,
+       179.37,180.44,179.61,180.37,176.93,180.82,180.04,
+       180.4,181.75,174.56)
> mean(new.x)
[1] 179.5877
```

先程のデータの平均値は 179.8227 でしたので,中心については,二つの缶ジュースデータに大きな違いがあるとはいえません.ここで,二つのデータを並べた箱ヒゲ図を作成してみましょう.データ二つのヒストグラムを並べて描くのは,boxplot() 関数にカンマを挟んで二つのオブジェクト名を並べるだけです.ここでは三つ目の引数 names として,それぞれの箱ヒゲ図の下に付けるラベルを指定してみました.ラベルは文字列ですが,プログラミングでは文字列は必ず引用符で囲みます.またラベルは一つではなく二つあるため,c() 関数を使ってベクトルとしてまとめます.

```
> boxplot(x, new.x, names = c ("x","x.new") )
```

図 5.2 で二つの箱ヒゲ図を比較してみると,確かに中央値はほとんど変わりませんが,箱の大きさやヒゲの長さがずいぶん違うことに気が付きます.

日常生活でデータを比較する場合,それぞれの平均だけを調べて判断しが

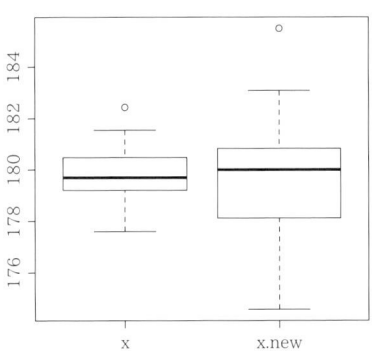

図 5.2 二つのデータの箱ヒゲ図

ちですが，統計解析では，平均だけでなくデータの散らばり具合を調べることも重要です．そのため，データの散らばり具合を表わす統計量があります．箱ヒゲ図で取り上げた四分位範囲はその一つです．四分位範囲が「中央値からの散らばり」を表わすように，「平均値に対する散らばり」を表わす統計量もあります．これが**分散**(variance)です．中央値と四分位範囲，平均値と分散，このどちらのペアが優れているということはありません．あえていうならば，前者は離散的な数値（頻度）データの要約に，また後者は連続量のデータ（体重など）の要約に適しています．

分散とはどのような数値でしょうか．分散は，データの個々の要素が，それぞれどの程度に平均値から散らばっているかを表わす量です．以下で定義を，文章と数式のそれぞれで示します．セミコロン(;)の後に続くのはRで実行する場合のコードです．

1. データの各要素から平均値を引く；x - mean(x)
2. 結果を自乗する；(x - mean(x))^2
3. 自乗した結果を合算する；sum((x - mean(x))^2)
4. 結果をデータ数で割る；sum((x - mean(x))^2) / length(x)

$$\frac{\sum_{i}^{n}(X_i - \bar{X})^2}{N} \quad \text{ここで} \bar{X} \text{は平均値}$$

平均値からの差を取るという発想は自然でしょう．ただ，こうすると，データの数だけ差が求まりますが，我々が欲しいのは，差を表わす「一つ」の数値です．すると差を全部足し算するという発想が受かびますが，これは無意味です．どんなデータでも必ず0になってしまうからです（sum(x - mean(x))を実際に実行して確かめてみましょう）[1]．

和が0にならないようにするには，絶対値を取るか，あるいは自乗することが考えられます．実際，統計学では自乗する方法を選んでいます．分散はデータの散らばりを代表する量であり，二つのデータを比較する目的でも利用されます．ところが自乗を単純に足し算する方法では，サイズ（要素数）

---

[1] ただしRでの出力は5.684342e-14となって0ではありません．コンピュータでは少数点以下を表現する方法に制約があるため微妙な誤差が生じます．このe-14という表現は，eの前にある数値の小数点を左に14個ずらせという意味です．すなわち非常に小さな数になり，ほとんど0とみなしてよい数値です．

5.3 データの要約

の多いデータは無条件で分散も大きくなってしまいます．そこで，比較が可能になるように，データ数で割ります．

以上が分散の手続です．実際に実行してみると以下のような結果になります．

```
> sum((x - mean(x))^2 ) / length(x)
[1] 0.9914862
```

しかしRは統計解析に特化したプログラミング言語ですから，もっと簡単に分散を求める方法があってもよさそうです．実はあります．var()関数です．これは分散の英語 variance の略です．

```
> var(x)
[1] 1.025675
```

ところが先程の結果 0.9914862 とは一致しません．実はRではデータ数ではなく，データ数から1を引いた結果を求めています．

```
> sum((x - mean(x))^2 ) / (length(x) - 1)
[1] 1.025675
```

なぜデータ数ではなく，データ数から1を引いた数を分母にするのでしょうか？　これは**自由度**という考え方に関係します．詳細は，数理統計学の証明を参照していただかなければなりませんが，直感的な説明は以下のようになります．

分散では，計算途中で平均値を使っています．具体的に以下の五つの数字をみてください．

```
> z <- c (40, 50, 60, 70, 80)
> mean (z)
[1] 60
```

平均値は 60 です．今度は逆に，データの平均値が 60 だとわかっているとして，そのデータのうち四つが定まっているとします．

$$\frac{40 + 50 + 60 + 70 + X}{5} = 60 \tag{5.2}$$

X はいくつでしょうか？　これは自動的に 80 と定まってしまいます．逆

にいうと，平均値が 60 点でデータ数が 5 個だという場合，そのデータには無数の候補が考えられます．20, 20, 50, 80, 130 という組み合わせでも平均値は 60 になります．実際，母集団から標本を抽出するという試行を繰り返す場合，そのつど標本 5 個がどのような数値の組み合わせになるかはわかりません．ただ，同じ母集団から抽出したデータですから，理論的には平均値は 60 のはずです．

データの四つまでが 20, 20, 50, 130 と判明したならば，残り 1 個は自動的に 80 と決まってしまいます．つまり最後の 1 個に情報はありません．逆に四つまでならばデータにどんな数値をあてはめても構いません．実際，標本を抽出するたびに，これらの数値は変わってくるでしょう．これをデータの自由度と呼びます．この場合は 5 − 1 = 4 が自由度です．上のデータに戻ると 30 − 1 = 29 が自由度です．

ただし単純にデータ数で割った分散を使うこともあります．そこでデータ数から 1 を引いてから割る分散の方は，**不偏分散** (unbiased variance) と呼ぶこともあります．分散と不偏分散をどのように使い分けるかですが，前者は，データが標本ではなく母集団そのものである場合に適しています．与えられたデータ以外の組み合わせはないわけですから．しかし母集団からの標本である場合は，後者の不偏分散が適当です．標本を抽出するたびに，データの組み合わせが変わるからです．

本書では，分散とは不偏分散のことであるとします．改めて数式を掲載します．分母が，データ数引く 1 になっていることに注意してください．

$$\frac{\sum_{i}^{N}(X_i - \bar{X})^2}{N - 1} \tag{5.3}$$

標準偏差

分散はデータから平均値を引いて自乗していますので，単位が異なってしまいます．身長データの場合，平均をメートル単位（長さ）とすると，分散は平方メートル（面積）になります．分散をもとの単位に戻すには平方根をとればいいわけです．

$$\sqrt{\frac{\sum_{i}^{N}(X_i - \bar{X})^2}{N - 1}} \tag{5.4}$$

分散の平方根をとった統計量を**標準偏差** (standard deviation) と呼びます．
R では sd() 関数で求めます．

```
> sd (x)
[1] 1.012756
```

5.4 データの分布

ここで再び缶詰めのデータに戻ります．データを R に読み込むことから始めましょう．

```
> x <- c (178.59,181.14,177.6,180.55,178.54,179.32,
+         180.01,179.44,180.65,181.55,179.2,180.56,
+         179.9,178.81,179.64,179.63,179.36,178.85,
+         179.82,182.43,180.47,179.66,181.54,178.98,
+         180.2,179.87,179.05,179.72,179.34,180.26)
```

148 ページでデータを要約する方法として，ヒストグラムと要約統計量について述べました．そこでヒストグラムと箱ヒゲ図を作成し，また平均値と標準偏差を求めてみましょう．

```
> par(mfrow = c(2,1))
> y <- hist(x)
> boxplot(x)
```

このコードの最初の par(mfrow = c(2,1)) はプロットを 2 行 1 列に分ける命令です．実行すると図 5.3 が描かれるはずです．

また y にヒストグラムの情報を代入していますので，y だけを実行すると（つまり y と入力して Enter キーを押すと），以下の出力が得られます．

```
> y
$breaks
[1] 177 178 179 180 181 182 183

$counts
[1]  1  5 13  7  3  1
      ... 以下略
```

151 ページでも説明しましたが，$breaks はヒストグラムの区間を，また

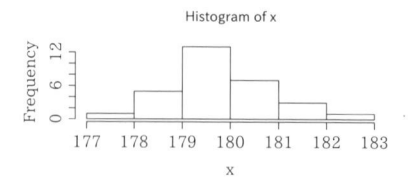

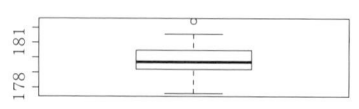

図 5.3 缶詰データのヒストグラムと箱ヒゲ図

$counts は区間に属するデータ数でした．これを頻度と呼びました．たとえば (181,182] の区間には 3 個のデータがありますので，頻度は 3 です．

　ヒストグラムを使うと，データを区間に分けることで，どの値にデータが集中しているか，あるいは頻度が高いかを調べることができます．ここで区間ごとの頻度を**データの分布**といいます．缶詰データの分布をみると山の形をしており，真ん中あたりの頻度が高いことがわかります．真ん中というのは，要するに中央値あるいは平均値の位置です．そして山の左右，つまり両裾に近づくにつれて，頻度は小さくなっています．

　これは何を意味しているでしょうか．平均値に近い数字は出現しやすいですが，平均値から離れた数字は出現しにくい，と考え直すことができないでしょうか．すなわち出現しにくい（出現する確率の低い）数値と，出現しやすい（出現する確率の高い）数値があることがわかります．ここからデータに確率あるいは確率分布をあてはめようという発想が生まれます．

　少し難しくなりますが，次節では，確率分布について説明をします．

水準ごとの平均：
　R に組み込まれているデータに iris があります．これは 3 種類の品種から，それぞれ 50 個体を採取し，がくの幅 (Sepal.Length) と長さ (Sepal.Width)，花びらの幅 (Petal.Width) と長さ (Petal.Length) を計測したデータです．

5.4 データの分布

```
> summary (iris)
  Sepal.Length    Sepal.Width     Petal.Length    Petal.Width
 Min.   :4.300   Min.   :2.000   Min.   :1.000   Min.   :0.100
 1st Qu.:5.100   1st Qu.:2.800   1st Qu.:1.600   1st Qu.:0.300
 Median :5.800   Median :3.000   Median :4.350   Median :1.300
 Mean   :5.843   Mean   :3.057   Mean   :3.758   Mean   :1.199
 3rd Qu.:6.400   3rd Qu.:3.300   3rd Qu.:5.100   3rd Qu.:1.800
 Max.   :7.900   Max.   :4.400   Max.   :6.900   Max.   :2.500
       Species
 setosa    :50
 versicolor:50
 virginica :50
```

summary() 関数はデータの要約としてさまざまな統計量を計算して表示してくれます．さてここで，あやめの品種（水準）ごとに平均値だけを求めたい場合はどうするべきでしょうか．まず素直に mean() 関数を使ってみます．ただしデータの 5 列目はカテゴリですので，数値計算の対象ではありません．そこで 5 列目を除いて関数に適用します．

```
> mean (iris [, -5])
Sepal.Length  Sepal.Width Petal.Length  Petal.Width
    5.843333     3.057333     3.758000     1.199333
 警告メッセージ：
mean(<data.frame>) is deprecated.
 Use colMeans() or sapply(*, mean) instead.
```

答えは求まっているようですが，警告が出ています[2]．警告にアドバイスがありますので，それにしたがってみます．

```
> colMeans(iris[, -5])
Sepal.Length  Sepal.Width Petal.Length  Petal.Width
    5.843333     3.057333     3.758000     1.199333
```

警告もなく結果が得られました．ただし，この平均は品種を区別せず，150 本のあやめ全体の平均を求めています．では setosa, versicolor, virginica という 3 品種ごとに平均を求めるにはどうすればよいでしょうか．このような場合，aggregate() 関数が役に立ちます．この関数は指定されたデータに任意の関数を適用することができます．

---

[2] R-2.15.1 で実行した結果です．なお R-2.14.0 以前のバージョンでは警告は出ません．

```
> aggregate (iris [, -5], iris[5], mean)
     Species Sepal.Length Sepal.Width Petal.Length Petal.Width
1     setosa        5.006       3.428        1.462       0.246
2 versicolor        5.936       2.770        4.260       1.326
3  virginica        6.588       2.974        5.552       2.026
```

第1引数にデータオブジェクトを，また第2引数にカテゴリを表すベクトルを指定します．第3引数は適用する関数です．ここで添字指定に使っている-5は5列目を省くという意味です．この列は品種カテゴリを記録しており数値計算の対象ではありませんが，データを品種ごとに分けるための変数として第2引数に指定しています．なおaggregate()関数の第2引数でカテゴリを分けるオブジェクトにはデータフレームを指定します．ここでiris[5]は5列目をデータフレームとして表現します．iris[, 5]では因子ベクトルとなり，aggregate()関数の第2引数としては利用できません．

複数のカテゴリ変数の組み合わせごとに平均を求めるような場合はtapply()関数を使うと便利です．

```
> head (CO2)
  Plant   Type  Treatment conc uptake
1   Qn1 Quebec nonchilled   95   16.0
2   Qn1 Quebec nonchilled  175   30.4
3   Qn1 Quebec nonchilled  250   34.8
4   Qn1 Quebec nonchilled  350   37.2
5   Qn1 Quebec nonchilled  500   35.3
6   Qn1 Quebec nonchilled  675   39.2
> tapply (CO2$uptake, CO2 [c ("Type", "Treatment")], mean)
             Treatment
Type          nonchilled  chilled
  Quebec        35.33333 31.75238
  Mississippi   25.95238 15.81429
```

オブジェクトCO2はひえのCO2吸収量（uptake）を記録したデータですが，それぞれ二つの水準からなるカテゴリ変数TypeとTreatmentの組み合わせごとに吸収量の平均値を求めています．

5.5 確率分布とは

データ分析のための確率と**確率分布**について話を進めます．

これはデータの分布（出現状況）を確率に置き換えることです．たとえばコインを投げると，表と裏のどちらかが出ます（ごくまれに直立することもあるかもしれませんが，とりあえずは度外視します）．あるいはサイコロの場合，サイコロを1回ふると1, 2, 3, 4, 5, 6のいずれか一つが必ず出現します．コインの場合，表が出る確率も裏が出る確率も0.5 (1/2) であることはわかります．サイコロの場合では1, 2, 3, 4, 5, 6が出る確率は，いずれも1/6です．

ただし，これを証明するのは困難です．これは理論的に設定された確率です．実際には，サイコロの各面には多数の刻印があるので，いずれかの面がごくわずかであれ，他よりも出現しやすいのかもしれません．実際には偏りがあるにせよ，そもそもサイコロというのは公平にゲームなどを行なうための道具ですから，理論的には，各面が出る確率が等しいと同意できなければならないのです．

ある確率である事柄が生じる（起こる）とき，その事柄を**事象**といいます．確率を英語で probability，また事象を英語で event というので，それぞれの頭文字を使って，「ある事象 e の起こる確率 P」を $P(e)$ と書くことがあります．コインの表が出る事象の確率は $P(e) = 0.5$ です．

5.5.1 Rによるシミュレーション

さて，ここでコインを10回投げたとしましょう．表は何回現われたでしょうか．さっそくRでシミュレーションしてみます．もちろん sample() 関数を使います．念のため，Rの操作について復習しながら話を進めます．

```
> (x <- c ("表","裏"))
[1] "表" "裏"
> set.seed (123)
> (y <- sample (x, 10, replace = TRUE))
 [1] "表" "裏" "表" "裏" "裏" "表" "裏" "裏" "裏" "表"
> table (y)
y
表 裏
 4  6
```

はじめに表と裏を用意します．Rでは文字列は引用符で囲み，また複数の要素（ここでは二つです）をまとめる（つまりベクトルを作成する）場合はc()関数を使います．ここでコインを投げる試行をsample()関数でシミュレーションします．

sample()関数の第1引数にはコインを表わすベクトルを，第2引数では試行（コインを投げる）の回数を，そして最後の第3引数が重要なのですが，このreplace = TRUEは試行がそれぞれ**独立**であることを指示しています．独立であるとは，次の試行結果が前の試行結果に影響されないことを意味します．「最初に表が出たので次は裏が出る」などということはないわけです．コインを10回投げれば表は5回ぐらい出ると想像されますが，今回は4回でした．もう一度試行してみたら，今度はちょうど5回表が出るかというと，必ずしもそうはならないでしょう．では，「コインを10個投げる」という試行を100回行ってみたらどうなるでしょうか．少し難しくなりますが，以下のコードを実行してみます．

```
> z <- numeric(100)
> set.seed (123)
>   for(i in 1:100) {
+         y <- sample (x, 10, rep = TRUE)
+         z [i] <- sum(y == "表")
+   }
>   table(z)
z
 1  2  3  4  5  6  7  8  9
 2  3 12 18 25 24  8  6  2
```

説明します．最初のz <- numeric(100)というコードは，ベクトルzを用意して100個の0で埋めます．ここではシミュレーションとして「コインを10個投げる」実験を100回実行し，そのたびに表が何回出たかを数えるわけですが，その結果を記憶させるためのベクトルです．実はこのコードを省いても，シミュレーションは可能です．しかしながら，あらかじめ必要なサイズのベクトルを用意しておくとプログラムを実行する効率が良くなるのです．次のfor(i in 1:100)はループ処理です．「コインを10個投げる」という試行を行うたびに，変数iを1から100まで一つずつ増やしていき

ます．ループでは二つの命令が毎回実行されます．最初は sample() 関数を使って「コインを 10 個投げる」命令です．次の z[i] <- sum(y == "表") では，代入記号（<-）の右の結果を左に代入します．y == "表" は「y の要素のうち表に等しいのはどれか」という命令です．プログラミング言語ではイコールを == で表現します．y には "表" か "裏" のいずれかが，あわせて 10 個代入されています．仮にこの 1 行だけ単独で実行すると，たとえば次のような結果になります．

```
> y == "表"
 [1]  TRUE  TRUE FALSE  TRUE FALSE FALSE FALSE  TRUE FALSE  TRUE
```

"表" に等しい要素は TRUE に，また "裏" に等しい要素は FALSE に置き換えられています．R では TRUE は数値の 1 に，また FALSE は数値の 0 として解釈されるのでした（41 ページを参照）．sum() 関数を適用すると TRUE の個数がわかります．つまり i 回目の「コインを 10 個投げる」試行で "表" の出た回数になります．この結果をベクトル z の i 番目に代入します．これを i が 100 になるまで繰り返すわけです．

ベクトル z から頻度表を作成するのが table (z) です．さらにヒストグラムを作成してみましょう．理論的には表は 0 回から 10 回まで表われるので，第 2 引数 breaks = 0:10 でヒストグラムの区間を 0 から 10 まで取るように指定しています．

```
> hist (z, breaks = 0:10)
```

ここで作成されるプロットの形は，試行のたびに異なるはずですが，おおむね裾の広がった山の形をしており，横軸 (x 軸) が 5 のあたりで棒が一番高くなっていないでしょうか．

これは「コインを 10 個投げてみると，表が出る個数は 3 だったり，6 だったり，まちまちだけど，しかし平均的には 5 回出る」ことを表わしています．すなわち表の出る回数の平均値は 5 です．これは読者への課題としますが，上の実験コードを 100 回ではなく，1,000 回，あるいは 5,000 回，10,000 回繰り返してみると，ヒストグラムが 5 に集中する様子がわかるはずです．

ここで R の animation パッケージを使ったシミュレーションをみてみま

164　第 5 章　データ解析の基礎

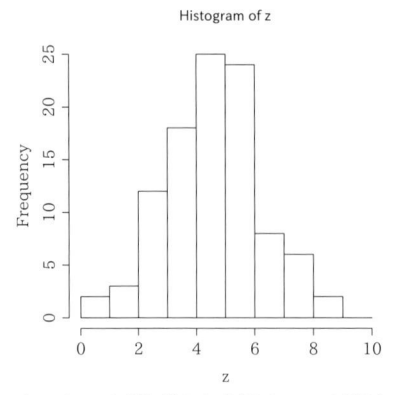

図 5.4　「コインを 10 回投げる」実験を 100 回繰り返した結果

しょう．まずパッケージをファイル・パネルの「Packages」タブからインストールします．

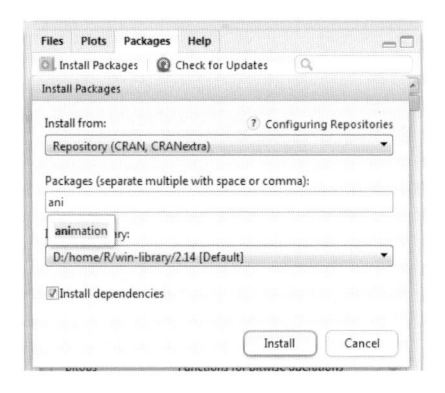

インストールが済んだら，左の四角にチェックを入れてロードします．

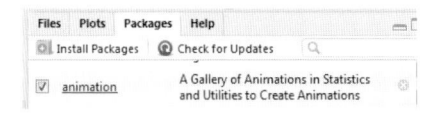

ロードが完了したら，以下のように実行してみて下さい．

5.5 確率分布とは 165

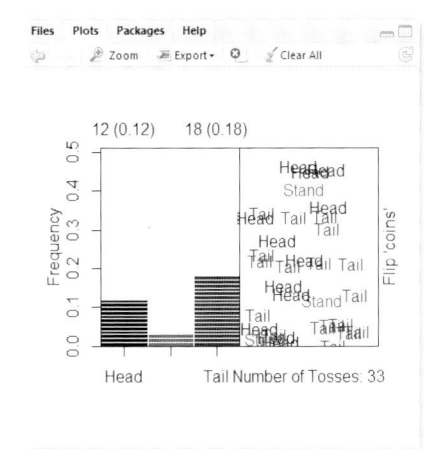

図 5.5 コイン投げのシミュレーションを行う関数の実行結果

```
example (flip.coin)
```

　右のプロット・パネルにアニメーションが表示されるでしょう．自動的に3種類のプロットが表示されます．最初のプロット（図5.5）では，コイン投げを施行するたびに，表が出たことを表す黒，裏が出たことを表す青，そしてコインが直立したことを表す赤の棒グラフが左に，また右には投げたコインが地面に落ちているイメージが描かれていきます．これはコインが直立する可能性をやや大げさに表した試行です．続いてコインが直立する可能性を排除した場合の試行を表すプロットが表示されます．これら二つのプロットが表示された後に，ブラウザが起動し，同じプロットがブラウザ上で再現されます．Rにはブラウザと連動する機能も備わっているのです．
　さて少し話を戻して，こうした試行の確率について理論的に考えてみます．

5.5.2　二項分布

　コインの表裏のように，ある確率である事象が起こるか起こらないかが定まっている試行を**ベルヌーイ試行**といいます．表が出る確率を小文字の p で表わすと，これは次の式で表わすことができます．

$$P(X = 表) = p$$
$$P(X = 裏) = 1 - p$$

P() は確率を表わします．つまり P()（という関数が出力する値）は 0 から 1.0 の範囲の実数です．1.0 であれば 100% 確実に生じる事象ということになります．

また X を**確率変数**と呼びます．確率変数とは，確率分布にしたがって特定の値になる変数のことです．この例では確率変数 X は確率 p で表となり，確率 $1-p$ で裏となります．そしてベルヌーイ試行を繰り返した場合に，ある事象（たとえばコインの表が出る）が起こる回数の分布を，**二項分布** (binomial distribution) といいます．仮に 10 個コインを投げて 3 回表が出る確率を考えてみます．

10 個中，表が 3 回出て裏が 7 回出る確率は，これらの確率の積になります．

$$p^3(1-p)^7$$

ただし 10 個投げて 3 個だけ表が出るパターンはさまざまです．最初の 3 回で連続して表が出ることもあれば，最後の 3 回に連続して表が出ることもないとはいえません．これは**組み合わせ**といい，$_{10}C_3$ と表します．

10 回中 3 回表がでるパターンは choose() 関数で計算できます．

```
> choose(10, 3)
[1] 120
```

結局，10 個のうち表が 3 個で裏が 7 個出る確率は，上の二つの積になります．

$$_{10}C_3 \; p^3 \; (1-p)^7$$

これは R で次のように実行できます．

```
> choose (10, 3) * 0.5^3 * (1-0.5)^7
[1] 0.1171875
```

実は R には二項分布の確率を求める dbinom() 関数がすでに実装されています．

```
> dbinom(3, 10, 0.5)
[1] 0.1171875
```

　この関数は二項分布の確率密度を出力します．確率密度の意味は後述します．`dbinom()`関数は確率密度関数です．ちなみに表が出る回数が0から10となる確率は以下のように求めることができます．

```
> dbinom(0:10, 10, 0.5)
 [1] 0.0009765625 0.0097656250 0.0439453125 0.1171875000 0.2050781250
 [6] 0.2460937500 0.2050781250 0.1171875000 0.0439453125 0.0097656250
[11] 0.0009765625
```

　出力の1行目の最初の[1] 0.0009765625と3行目の[11] 0.0009765625は，それぞれ表が0回あるいは10回出る確率です．添字が[11]になっていますが，いま求めたのは，0から10まで11個の確率です（なおRStudioないしRの設定によっては表示幅が異なるかもしれません）．この結果から，表がちょうど5回出る確率を示す2行目の最初[6] 0.2460937500が一番数値が大きいことに注目してください．すなわち確率0.5で表が出るベルヌーイ試行を10回繰り返すと，表が5回出る確率がもっとも高いことがわかります．これは「コインを10回投げる」実験を100回繰り返した結果の平均が5であったことと合致します．

5.6　確率とデータの関係

　ここまでコイン投げの話をえんえんと書いてきましたが，これがデータ解析とどう関係するのでしょうか？
　実は，コインを投げた結果は，調査や検査で収集されたデータとみなすことができるわけです．たとえば昨晩のあるテレビ番組を観たかどうかを知人10人に聞いて回ったところ，2人だけ観ていたことがわかったとします．あるいは，ある生物の生んだ個体10匹のうち2匹がオスであったとします．もしも「そのテレビを半数の人が観ていた」とか「オスとメスの生まれる割合は半々である」という仮定があるとすると（つまり本当の確率が0.5だとすると），少し偏った結果が得られていることになります．

これはコインになぞらえると，10個投げて表が2個出ることに対応しますが，その確率は0.04とかなり低いです．そこで，収集されたデータがおかしいか，あるいは特殊な背景（裏番組を観るように強制されていたとか，人工授精が行われているとか）があると考えることもできるわけです．

コイン投げの話を続け，ここでもう一度ヒストグラムを描いてみます．ただし，今度は表が出た個数そのものではなく，表が出る個数の確率を使います．以下のコードではdbinom()関数の出力をいったん変数coin10に代入したうえで，図を描くplot()関数の第1引数に指定しています．ここで引数type = "h"はプロットに垂直の線分を描くことを，またlwd = 5は線分の太さを指定しています．

```
> coin10 <- dbinom(0:10, 10, 0.5)
> plot (0:10, coin10, type = "h", lwd = 5)
```

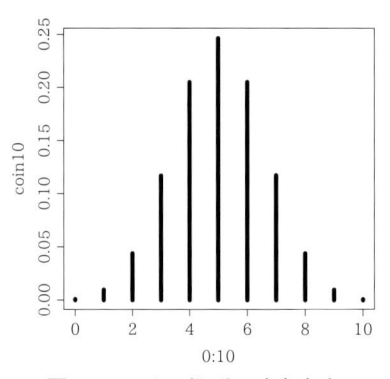

図5.6 コイン投げの確率密度

このプロットでは縦棒の高さが確率を表わしてます．このプロットに表現されているデータの出現確率を**確率分布**といいます．そして確率分布を計算する式 $f(x)$ のことを**確率密度関数** (probability density function) といいます．二項分布の確率密度関数を以下に示します．

$$f(X) = {}_N C_X \, P^X (1-P)^{N-X}$$

ここで N は試行回数，X は成功回数です．先ほどのコイン投げの例にあてはめれば N は10で X は3になります．

Rでは dbinom() 関数が対応します．これは density function of binomial distribution （二項分布の密度関数）の略と考えてください．dbinom() 関数には第 1 引数に試行の結果（X），第 2 引数に試行回数（N），そして第 3 引数に確率 P を指定します．Rの場合 X として複数の値を指定できます．先ほどの例では，0:10 として，0 から 10 までそれぞれ確率を一度に計算しました．

5.7 確率密度について

コインで表が出る例を使って，二項分布の確率密度について説明しました．ここで缶詰の内容量に話を戻し，その確率密度を検討しましょう．データは以下でした．

```
x <- c(178.59,181.14,177.6,180.55,178.54,179.32,
       180.01,179.44,180.65,181.55,179.2,180.56,
       179.9,178.81,179.64,179.63,179.36,178.85,
       179.82,182.43,180.47,179.66,181.54,178.98,
       180.2,179.87,179.05,179.72,179.34,180.26)
```

5.7.1 離散値と連続量の区別

これは前節の「コインを 10 個投げて表が出る回数」とは根本的に異なります．コインを 10 個投げる試行では，表が出る個数は 0 から 10 までの整数であり，そのそれぞれについて出現確率を求めることができました．これは**離散値**です．

これに対して缶詰データの場合，ある特定の値ではなく，その値を含むある「範囲」の確率を検討します．

なぜでしょうか．缶詰の内容量は小数点を含む数値で表わされています．このデータでは小数点第 2 位までしか表示されていませんが，厳密に測定することができれば 178.598632... という数値が得られるでしょう．すなわち缶詰の内容量は**連続量**です．

そして缶詰の内容量は，本当に厳密に測ることができるならば，どれも一

致しないはずです．つまり100個缶詰を（厳密に）測れば100個の異なる数値が得られ，10,000個の缶詰を（厳密に）測れば10,000個の異なる数値が得られます．すると，どれか一つの数値が得られる確率は，どんどん小さくなり，やがては0に近づきます．つまり，ある缶詰の内容量が178.598632...である確率は，その缶詰が現実に目の前に置かれているにも関わらず，ほとんど0という奇妙な話になってしまいます．

　これは連続量のデータに共通する問題です．そこで連続量のデータの確率は区間を取り，その面積で表現されます．

　離散値，たとえばコインで表の出る回数では，ヒストグラムの高さ（縦軸の目盛）がそのまま確率でした．これに対して連続量では，縦軸の目盛は確率そのものではありません．そこで，確率とは区別するため**確率密度**と呼びます．離散値の場合は，確率密度と確率が一致すると考えてもよいかもしれません．

　缶詰の確率密度を描いてみましょう．図5.7は曲線が滑らかであり，ヒストグラムのようにでこぼこしていません．データ数を極限まで増やしてヒストグラムを描くと，このような曲線になります．すなわち缶詰を集めて内容量を測るという作業を繰り返し行ない，その結果を使って作成したヒストグラムだと考えてください．

　この図の横軸の中央にメーカの主張する内容量180 gがあります．ここか

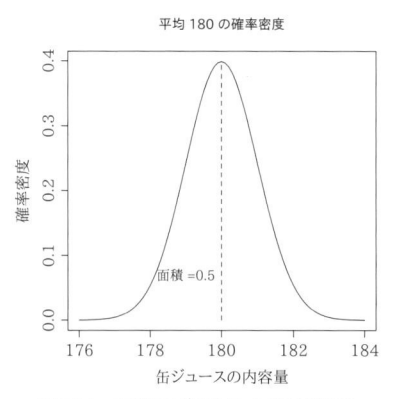

図5.7　缶詰の内容量の確率密度

ら上に向って破線が伸びていますが，その高さは縦軸から約 0.4 だとわかります．この長さは確率ではなく，確率密度です．内容量がぴったり 180 g になる確率は，先にも述べたように，ほぼ 0 です．この図では確率は面積で表わされます．すなわち内容量が 180 g 未満（連続量なので以下でも同じことです）になる累積確率は 0.5 になります．あるいは，こう言い換えてもいいでしょう．「内容量が 180 g 未満になる累積確率が 0.5 となるとき，その確率密度の値は約 0.4 である．」

実は，この確率密度のグラフは**正規分布** (normal distribution) と呼ばれるタイプの密度関数を利用しています．なぜ缶詰の確率密度を正規分布として表現したのか，また正規分布にはどのような性質があるのかを，次項で述べます．

5.7.2　正規分布

缶詰の内容量や工業製品の規格（たとえばネジの幅）などは，製品ごとに誤差があります．すなわち規格をわずかに下まわったり，あるいは規格をわずかに越えたりします．これを**誤差**といいます．しかしながら，この誤差には規則性があることが知られています．つまり規定より大きかったり小さかったりするわけですが，大小どちらかに偏った誤差ばかりが生じることはありません．すなわち誤差は左右対称です．いま規格を中心と考えれば，これは平均値です．これに対して，平均値からのズレが誤差であり，これは標準偏差（あるいは分散）として表現できます．

缶詰のデータであれば，これは平均値が 180 g で，標準偏差が 1 g となる正規分布にたとえることができるでしょう．改めて図 5.7 を参照してください．正規分布の特徴は，平均値を中心とした山の形（鐘やベルにもたとえられます）をしており，左右対称なことです．また山の左右の裾は緩やかに左右に広がっています．前章でヒストグラムや箱ヒゲ図を作成しましたが，これらのグラフの目的の一つが，データが正規分布にしたがっているか（あるいは正規分布にたとえてよいか）を確認することです．データ分析においては，まず始めにプロットを作成してみることが，データの性質を把握するという観点から非常に重要です．

缶詰データの分布を正規分布に見立てると，その内容量の範囲を確率的に

推測,あるいは予想することが可能になります.たとえば,ある缶詰を測っ
たら,その内容量が 180 から 181 g の範囲にある確率とか,182 g を越える確
率などです.確率密度関数を使えばいいわけです.Rでは正規分布の確率密
度は dnorm() 関数や pnorm() 関数で求めることができます.dnorm() 関数の d
は density(密度)の頭文字です.この関数では第 1 引数に x 軸の値を,第 2
引数 mean には平均値を,また第 3 引数 sd には標準偏差を指定します.

```
> dnorm(181, mean = 180, sd = 1)
[1] 0.2419707
```

これは平均が 180 で標準偏差が 1 の正規分布において x 軸が 181 の場合の y
軸の目盛,つまり確率密度を出力します.くどくなりますが,これは確率で
はありません.

　pnorm() 関数の p は probability(確率)の頭文字です.この関数の引数の
役割は dnorm() 関数と同じですが,出力がまったく異なります.

```
> pnorm(181, mean = 180, sd = 1)
[1] 0.8413447
```

この意味は,x 軸が 181 の位置で縦線を引くと,この線を境に曲線左端まで
の面積が約 0.84 になるという意味です.図 5.8 は,平均が 180 で標準偏差が
1 の正規分布において 181 未満のデータが得られる確率が 84% であることを
意味します.

　したがって缶詰を例にとると,内容量が 180 から 181 g の範囲にある確率
は以下のように引き算を使って求めることができます.

```
> pnorm (181, mean = 180, sd = 1) - pnorm (180, mean = 180, sd = 1)
[1] 0.3413447
```

　これに対して qnorm() 関数の q は quantile(分位点)を表わします.これは
pnorm() 関数の逆で,累積確率を指定すると,その x 軸の値を出力します.
すなわちグラフの左端からの累積面積が約 0.84 になるときの x 軸の値です.

```
> qnorm (0.8413447, mean = 180, sd = 1)
[1] 181
```

x 軸が 181 のところで,左からの累積面積が約 0.84 になるわけです.先ほど

5.7 確率密度について

平均180:標準偏差1の正規分布

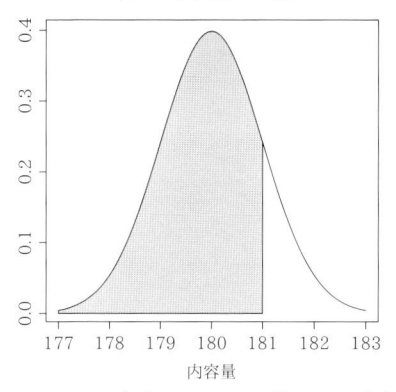

図 5.8 181 未満のデータが得られる確率

の pnorm(181, mean = 180, sd = 1) の結果と矛盾しません．

ここまで缶詰の内容量を，平均値が 180 g で標準偏差が 1 g の正規分布に見立ててきましたが，改めて，次のように表現しましょう．

> 「缶詰の内容量は平均値が 180 g で標準偏差が 1 g の正規分布にしたがう」

この文章は長いので，簡潔に $X \sim N(180, 1)$ と書くこともあります．あるいは，もっと一般的に $X \sim N(\mu, \sigma)$ と表現されることがあります．これは「**確率変数** X は 平均が μ で標準偏差が σ の正規分布にしたがう」と読みます[3]．確率変数とは，確率分布にしたがって特定の値になる変数のことです．具体的には，缶詰の内容量は，測ってみるまでは未知の値（変数 X）ですが，正規分布という確率分布にしたがうので，X が 180 g から 181 g の間になる確率を求めることができます．

正規分布の確率密度関数 $f(x)$ は以下です．覚える必要はありません．

$$f(x) = \frac{1}{\sqrt{2\pi}} e^{-\frac{1}{2} \frac{(x-\mu)^2}{\sigma^2}}$$

---

[3] $X \sim N(\mu, \sigma^2)$ と書いて，平均が μ で分散が σ^2 の正規分布にしたがう，と表記している文献もあります．標準偏差は分散の平方根だったことを思い出してください．

5.8 平均値の推定

ここまではデータの分布と確率分布について述べてきました．ここから，いよいよ確率と確率分布の知識をデータ分析に活かしていきます．

再び缶詰の話に戻ります．あなたが勤めるメーカーで製造している缶詰では内容量を 180 g を規格としていますが，ある団体が 30 缶を買い集めて測定したところ，その平均値が 180 g を下回っていると抗議してきた，という仮定でした．

データは以下でした．あわせて平均と標準偏差を示しておきます．

```
> x <- c (178.59,181.14,177.6,180.55,178.54,179.32,
+         180.01,179.44,180.65,181.55,179.2,180.56,
+         179.9,178.81,179.64,179.63,179.36,178.85,
+         179.82,182.43,180.47,179.66,181.54,178.98,
+         180.2,179.87,179.05,179.72,179.34,180.26)
> mean (x)
[1] 179.8227
> sd (x)
[1] 1.012756
```

消費者団体が集めたのは，市場に流通した缶詰のごく一部です．これを標本といいます．標本の平均値を**標本平均**といいますが，標本平均は，標本を集め直すたびに変わります．いま知りたいのは，流通している缶詰全体の平均値が，はたしてメーカーの規格である 180 g に一致しているかどうかです．

これを調べるには，缶詰をすべて計測すればいいだけです．すなわち缶詰の母集団の平均値を求めます．これを**母集団平均**といいます．

では，この缶詰の母集団は何本の缶詰からなるのでしょうか．恐らく，このメーカーは，この缶詰をこれまで大量に製造し，これからも製造していくはずですから，母集団は無限とまではいえなくとも，とても数えられません．つまり母集団全体を調べることは不可能です．よって平均値の正確な値を知ることは永遠にできません．

しかしながら母集団の平均値と，その標本にはある重要な関係があり，これを利用することで母集団の平均値について，ある「確率的な推測」を行なうことができます．

母集団と標本

統計学では，収集された部分データを**標本** (sample) と呼びます．これに対して，全体を**母集団** (population) といいます．たとえばテレビ視聴率ですが，報道されている数値は日本全国の家庭（個人）からデータを収集して求められているわけではありません．ビデオリサーチ社によれば，視聴率は全国の 6600 世帯のデータにもとづく数値だそうです[4]．2010 年の国政調査によれば日本の世帯数は約 6400 万ですから，ごく僅かな世帯数しか調査対象になっていないことがわかります．このような調査で正確な視聴率を求めることができるのでしょうか．もちろん不可能でしょう．たとえば，ある番組の 2011 年 11 月 4 日の視聴率が 10 ％ であったと報告されたとしても，この 10 ％ が正しい保証はまったくありません．むしろ，わずか 6600 世帯の調査結果であることを考えれば，本当の視聴率は違う数値になると考えるべきでしょう．そもそも我々は「本当の」視聴率を知ることはできません．調べられないからです．では，この 10 ％ という数値に意味はないのでしょうか．

実は，データの収集に偏りがなければ，標本から求めた視聴率が，「本当の」視聴率と一致しないまでも，それほど大きく異なっていないことが統計学的に保証されています．それは標本による視聴率に誤差があることを認め，その誤差幅を考慮した範囲に「本当の」視聴率があると考えることです．誤差は統計学的に求めることができます．これを標本誤差といいます．詳細は後ほど述べますが，ビデオリサーチ社のサイトに掲載されている式をそのまま使えば，以下のようになります．

$$標本誤差 = \pm 2 \times \sqrt{\frac{世帯視聴率 \times (100 - 世帯視聴率)}{標本数}} \tag{5.5}$$

この式を使って R で計算してみます．

```
>  10 - 2 * sqrt ( (10 * (100- 90) ) / 6600)
[1] 9.753817
```

---

[4] http://www.videor.co.jp/rating/ に 2011 年 11 月時点で掲載されていた情報です．

176   第5章　データ解析の基礎

```
> 10 + 2 * sqrt ( (10 * (100- 90)) / 6600)
[1] 10.24618
```

本当の視聴率は，おおよそ 9.75 % から 10.25 % の間にあることがわかります．

5.8.1 平均値の性質

ここでは母集団と標本に関する興味深い性質を簡単に述べます．

いま，あるメーカーの製造している缶詰の内容量の平均値を知りたいとします．母集団を測ることはできませんので，標本を 30 本抽出して，その標本平均を計算します．ところで，この標本抽出を何度も繰り返したとします．たとえば 100 回繰り返せば，標本平均が 100 個得られることになります．

すると標本平均の，そのまた平均値を計算することができます．つまり平均の平均です．

図 5.9 にイメージを掲載します．

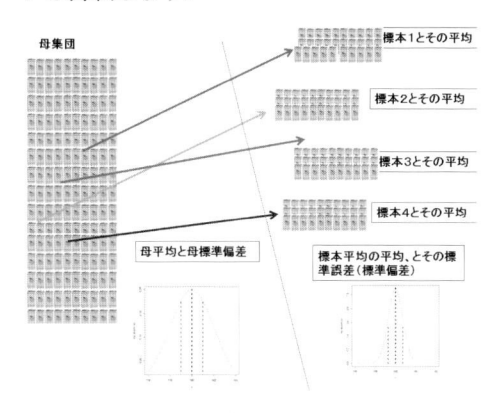

図 5.9　標本平均の平均

これは標本平均の分布を考えていることになります．このとき母集団の平均値 μ（ミュー）と標本平均 $\bar{X}$ の間には次の性質がなりたちます．

> 平均値が μ で標準偏差が σ の母集団からサイズが N の標本を取り出したとき，その標本平均 $\bar{X}$ の分布は，平均値 μ で標準偏差 $\frac{\sigma}{\sqrt{N}}$ の正規分

布にしたがう.

同じことを次のようにも表現します.

標本平均 $\bar{X}$ を標準化した $z = \frac{\bar{X}-\mu}{\sigma/\sqrt{N}}$ は平均 0 で標準偏差 1 の標準正規分布にしたがう.

これが何を意味し,そして何の役に立つかをこれから説明します.団体が持ち込んだデータでは,標本平均は 179.8227 でした.いま,母集団の標準偏差 σ(シグマ)が 1(グラム)だとします.すると,標本平均の標準偏差は以下で与えられます.これは標本平均の標準偏差であって,個別の標本そのものの標準偏差ではありません.区別するために,前者を**標本誤差**といいます.

```
> 1 / sqrt(30)
[1] 0.1825742
```

これらを使うと,母集団の平均値が 95% の確率で以下の範囲にあると推測することができるのです(後で詳しく説明します).R のコードでは以下のように計算します.

```
> c (179.8227 - 0.1825742 * 1.96, 179.8227 + 0.1825742 * 1.96)
[1] 179.4649 180.1805
```

すなわち真の平均値は 95% の確率で 179.4649 から 180.1805 の間のどこかにあります.つまり本当の平均値(母集団の平均値)が 180 g であっても,それは不自然なことではありません.上司に対して,あなたは,そのように説明すればよかったのです.

標本を取っては平均値を測るということを繰り返していくと(つまり平均値を表す値が増えていくと),その分布は正規分布に近づき,また標本平均は本当の平均値に限りなく近づいていきます.これを**中心極限定理**(Central Limit Theory)といいます.

やはり animation() 関数を使って実験してみましょう.animation() 関数がロードされている状態で,以下のコードを実行してみて下さい.

```
> example (clt.ani)
```

178　第5章　データ解析の基礎

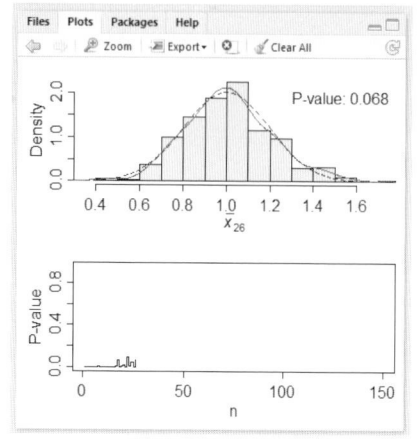

図 5.10　中心極限定理

「Plots」タブにヒストグラムが表示されます．図 5.10 から，試行回数が増えるにつれ，左右対称の正規分布に近づいていることに注目して下さい．また「P-value」というのは，確率のことです．詳細は次章で述べますが，この値が 0.05 以上であれば，データが正規分布にしたがっていることを否定できないと考えます（回りくどい表現ですが，第 6 章で詳しく説明します）．試行回数が増えると 0.05 以上の値が表示されることが多くなります．つまりデータの分布は正規分布に近いと考えられます．

5.8.2　標準正規分布について

前節で $z = \frac{\bar{X}-\mu}{\sigma/\sqrt{N}}$ という数値が出てきました．これをよくみると，分子は標本平均から母集団平均を引いています．分母の方は，標本平均の標準偏差（標準誤差）です．

正規分布にしたがうデータにこの式を適用すると，z は平均値が 0 で標準偏差が 1 の正規分布にしたがいます．これを標準正規分布といいます．標準正規分布をプロットすると図 5.11 になります．

このプロットには，いくつか追加の情報を加えています．まず中央の破線が平均値 0 の位置であり，これを中心として x 軸の −1.96 から 1.96 までの左右に広がる領域の面積は 0.95 (95%) になります．x 軸の数値は $z = \frac{\bar{X}-\mu}{\sigma/\sqrt{N}}$ に他

5.8 平均値の推定

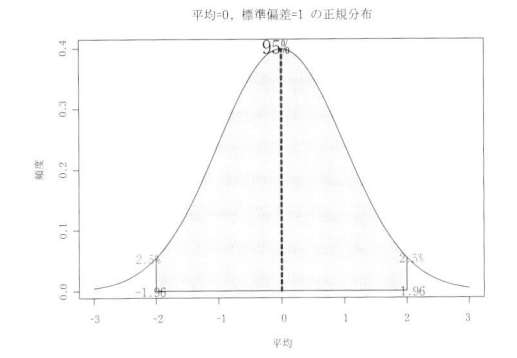

図5.11 標準正規分布のグラフ

なりません.

このとき z が -1.96 よりも左, つまり -1.96 よりも小さな値になる確率は 0.025 (2.5%) です. 右側の 1.96 も同様に, 1.96 よりも大きな値になる確率は 0.025 です. それぞれ両端の面積をあわせると 0.05 (5%) であり, 中央部分の面積と合計して, ちょうど1になります.

つまり $z = \frac{\bar{X}-\mu}{\sigma/\sqrt{N}}$ の値が -1.96 より小さくなったり, あるいは 1.96 よりも大きくなる確率は, あわせて 5% しかありません.

これを数式で表現すると $P(-1.96 < \frac{\bar{X}-\mu}{\sigma/\sqrt{N}} < 1.96) = 0.95$ です. 1.96 が z に対応することに注意してください. $-1.96 < \frac{\bar{X}-\mu}{\sigma/\sqrt{N}} < 1.96$ は次のように展開できます.

$$-1.96 < \frac{\bar{X} - \mu}{\sigma/\sqrt{N}} < 1.96$$

$$-1.96\,\sigma/\sqrt{N} < \bar{X} - \mu < 1.96\,\sigma/\sqrt{N}$$

$$\bar{X} - 1.96\,\sigma/\sqrt{N} < \mu < \bar{X} + 1.96\,\sigma/\sqrt{N}$$

すなわち標本平均 $\bar{X}$ に標準誤差の 1.96 倍を引いた値から, 標本平均 $\bar{X}$ に標準誤差の 1.96 倍を足した値の間に, 母集団の平均値 μ が 95% の確率であることになります. 177ページで利用した下のコードは, この性質を利用していたのでした.

```
> c(179.8227 - 0.1825742 * 1.96, 179.8227 + 0.1825742 * 1.96)
```

[1] 179.4649 180.1805

　標本平均を使って母集団の平均値の範囲を，ある確率で推定することを**区間推定**といいます．また推定される区間のことを**信頼区間**といい，特に95%の確率で推定される区間のことを**95%信頼区間**といいます．この信頼区間は，試行回数が多いほど，狭くなっていきます．つまり，本当の平均値との誤差が限りなく小さくなってきます．

5.8.3　母集団の標準偏差が未知の場合

　前項では，母集団の真の平均値 μ を推定するには $z = \frac{\bar{X}-\mu}{\sigma/\sqrt{N}}$ を使うことができると説明しました．ここで $\bar{X}$ は標本平均，N は標本サイズ，そして σ は母集団の標準偏差でした．しかし母集団の正確な平均値がわかっていないのに，標準偏差がわかっているというのは不自然です．現実のデータでは，母標準偏差はわかっていないのが普通です．この場合，標本から求めた標準偏差 s を代わりに使いますが，$z = \frac{\bar{X}-\mu}{\sigma/\sqrt{N}}$ の σ を s に代えてしまうと，もはや正規分布にしたがうと考えることはできなくなります．

　標本標準偏差 s に置き換えた式を t とすると，この t は自由度 $N-1$ の **t 分布**という確率分布にしたがいます．

$$t = \frac{\bar{X} - \mu}{s/\sqrt{N}}$$

---

t 分布のプロット：

図5.12は以下のコードを使って作成しました．

```
> curve (dt(x, 20),-4,4, type="l", lwd = 3, col=1,
+  main = "t 分布はデータ数 N で変化する", ylab = "確率")
> text (1, .4, "N = 20 の場合")
> curve (dt(x, 10),-4,4,type="l", lwd = 3, col=2, add=T)
> text (1.5, .35, "N = 10 の場合", col=2)
> curve (dt(x, 8),-4,4,type="l",lwd =3,col=3, add=T)
> text (1.8, .3, "N = 8 の場合", col=3)
> curve (dt(x, 2),-4,4,type="l",lwd = 3,col=4, add=T)
> text (2.8, .17, "N =2 の場合", col=4)
> # dnorm() 関数で正規分布を重ねます
```

5.8 平均値の推定

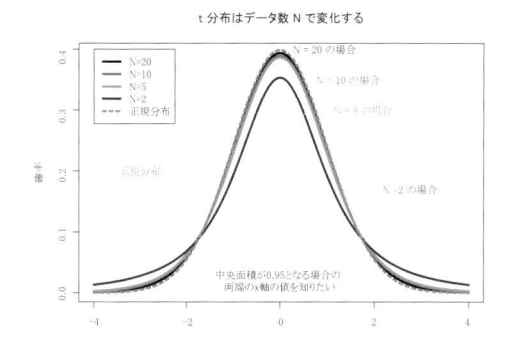

図5.12 自由度の異なるt分布と標準正規分布（破線）

```
> curve (dnorm(x), type="l", lty=2, lwd = 3, col=6, add=T)
> text (-3, .2, "正規分布", col=6)
> legend (-4, .4, legend = c("N=20","N=10","N=5","N=2", "正規分布"),
+         col = c(1:4,6) , lwd = 3, lty = c(1,1,1,1,2))
> text (0, .03, "中央面積が0.95となる場合の")
> text (0, .01, "両端のx軸の値を知りたい")
```

curve() 関数は曲線を描き，text() 関数は第 1 引数と第 2 引数で指定した座標に文字を描きます．legend() 関数は凡例を表示します．

t分布というのは，図 5.12 で表わされる確率分布です．図の N は自由度を表わします．t分布は自由度で形が変ります．

ここでの目的は，データの分布をt分布にあてはめてみることです．tの計算式には標本平均が含まれています．ところで順序を逆にして，先にデータの平均値がわかっているとします．すると，データは一つ余計になります．簡単な例を示します．データが 30, 40, 50, 60, 70 だけだとしましょう．標本平均は 50 です．逆に平均値が 50 とわかっている場合，データ五つのうち四つ，たとえば 30, 40, 50, 60 までわかれば，残りは 70 と自動的に決まります．四つの数値は独立ですが，残り一つは束縛されています．これを自由度が 4 であると表現します．すなわちt分布をデータにあてはめる場合，データ数から 1 を引いた自由度 $N-1$ のt分布を利用します．

t 分布の形は正規分布によく似ていますが，両裾がもう少し広くなります．これは正規分布と比べるとバラツキが大きいことを意味します．正規分布の場合，95％信頼区間を求める際，標本の散らばりを表わす1.96を乗じました．t 分布の場合，散らばりを表わす数値は正規分布より大きくなり，その具体的な値は自由度によって異なります．昔の統計学の教科書では，これを求めるための表が掲載されていました．そのために用意された専用の表を読み解く方法を学ぶ必要がありましたが，Rを使えば必要とする数値をすぐに求めることができます．

```
> N <- 30
> qt (0.975, N - 1 )
[1] 2.045230
```

はじめに N にデータ数を入力しておきます．次にqt()関数の第1引数には確率を指定します．確率は曲線下の面積ですが，左端からの累積で表わされます．いま求めたいのは，中央を中心に面積が0.95となるx軸の値です．第1引数の0.975は，右に0.025が残りますが，t 分布は左右対象ですので，中央の面積が0.95だとすると，左端にも0.025が残ります．自由度29（データ数30）の t 分布では，中央の面積が0.95となるときのx軸は -2.045230 から 2.045230 の範囲です．正規分布の場合は -1.96 から 1.96 の範囲でしたので，誤差幅が広くなっていることがわかります．ここからデータ数が30の場合の95％信頼区間は以下の式で求めます．s は標本標準偏差です．以下は t に2.045を代入した結果です．

$$\bar{X} - 2.045 \times s/\sqrt{N} < \mu < \bar{X} + 2.045 \times s/\sqrt{N}$$

16～20歳の女性の身長について，10人のデータから母平均の95％信頼区間を推定したいとします．10人の標本平均 $\bar{X}$ は 156 cm で，標本標準偏差 s は 14 cm とします．自由度9の t 分布では t は 2.262 になります．

```
> N <- 10
> qt (0.975, N - 1 )
[1] 2.262157
> c (156 - 2.262 * 14/sqrt(10), 156 + 2.262 * 14/sqrt(10))
[1] 145.9857 166.0143
```

よって母平均は 95% の確率で 145.99 から 166.01 の間にあります．

5.8.4　比率の区間推定

区間推定はテレビの視聴率や内閣支持率のような割合にも適用できます．ただし以下の式を使います．

$$\bar{P} - 1.96\sqrt{\frac{\bar{P}(1-\bar{P})}{N}} < \mu < \bar{P} + 1.96\sqrt{\frac{\bar{P}(1-\bar{P})}{N}}$$

$\bar{P}$ は標本から求めた割合です．視聴率や支持率にあたります．これは二項分布の標本平均です．ここでは証明はしませんが，二項分布は N が大きい場合，正規分布で近似することができます．この場合「近似する」という言葉の意味は，95％信頼区間を求めるのに，正規分布と同じように誤差幅に 1.96 を利用できるということです．

先に例としてあげた視聴率に適用してみます．標本として 300 世帯を調べたところ，視聴率が 8% だという報告でした．そして社内規定では，視聴率が 10%を切れば，広告を中止することが決まっていました．上の式にあてはめてみます．

```
> c (0.08 - 1.96 * sqrt (0.08 * (1 - 0.08) / 300),
+     0.08 + 1.96 * sqrt (0.08 * (1 - 0.08) / 300))
[1] 0.04930028  0.11069972
```

母比率は 95％の確率で 0.049 から 0.11 の間にあります．本当の視聴率は 10％を越えている可能性を否定できません．したがって，今回の調査から広告の中止を決定するのは適切とはいえません．

最後になりますが，信頼区間の推定において 95％ の確率という意味は，100 回標本抽出を行なえば，そのうち 95 個の標本平均の 95％信頼区間は，真の平均値を含んでいるが，残り 5 回の標本平均による 95％信頼区間は母平均を外している可能性があるということです．簡単にいえば，推定した信頼区間に真の平均値が含まれていない可能性がわずかながら (5%) あるということです．

第6章

仮説検定

第5章の始めに以下のような問題をあげました.

　新入社員のあなたは，歩くだけで痩せることのできる靴の開発を進めています．いま試作品が完成したので，効果を実証するためモニター10名を募り平均体重を測り，それから1ヶ月の間この靴を履いてもらいました．実験後にモニターの体重を測ると，その平均は実験前に比べて半キロほど減っていました．この結果をもとに上司に商品化を提案したところ，分析をやり直すよう指示されてしまいました．何がいけなかったのでしょうか．

これは被験者に特殊な靴をある一定期間履いてもらうことで，体重を減らす効果があるかどうかを調べているわけです．しかし，この新入社員の報告は上司には気に入らなかったようです．どうすれば，よかったのでしょうか．

ここで新入社員が示したかったのは靴に痩せる効果があることでしょう．実際，平均体重は半キロ減ってます．しかし上司からすると，靴の効果とは無関係にたまたま体重が減った可能性を排除できないわけです．これは，双方が納得できる客観的な数値にもとづいて判断しない限り，水掛け論に始終します．

このような判断を客観的に行なう方法が**仮説検定**(Hypothesis Test)です．この例では本来，次の手順を踏まえた報告を提示すべきだったのです．

1. 仮説の設定
2. 有意水準の設定と検定統計量の算出
3. 仮説の保留ないし棄却

仮説には2種類あります．**帰無仮説** H0 と**対立仮説** H1 です．H は Hypothesis（仮説）を表わします．帰無仮説は，この事例では「靴を履いた前後で体重に変化はない」となります．これは，新入社員の側からすると否定されて欲しい仮説です．これに対して対立仮説は「靴を履いた前後で体重に変化があった」あるいは「靴を履いた前後で体重は減少した」となります．もちろん対立仮説の方を証明したいわけです．

統計学では帰無仮説を検定し，これが棄却された場合，対立仮説を採択します．つまり，ある仮説を否定することで，それと対立する仮説が正しいと考えます．

そして**検定統計量**とは，標準正規分布の z や t 分布の t のように，データから計算され，かつ確率に対応付けられるような指標です．確率が対応付けられるとは，たとえば z であれば，図 5.11 にもあるように，z が 1.96 を越えたり，-1.96 より小さくなるような確率が求められることに他なりません．

最後に**有意水準**とは，帰無仮説を棄却する確率です．これは検定統計量の確率が小さい場合，めったに起こらない，あるいは偶然では説明できない現象が観察されたと考える目安となる値です．一般には 5% や 1% に設定されます．この確率は，帰無仮説を前提として求めています．仮に実験の結果得られたデータが，図 5.11 の平均値が 0 で標準偏差が 1 の正規分布にしたがう場合，z が 1.96 を越えたり，-1.96 より小さくなる確率は，両方あわせても 5% 未満です．有意水準を 5% とする場合は，z が -1.96 より小さいか，あるいは 1.96 よりも大きければ，偶然ではない現象が得られたと考えます．

ここで素直に，たまたま珍しい現象が起ったと考えるのではなく，これは「データが平均値が 0 で標準偏差が 1 の正規分布にしたがうという仮説が誤りだったからだ」と考えることができます．ここから，「データは本当は他の分布（たとえば平均値が 2 で標準偏差が 1 の正規分布）にしたがっていたのだ」と結論することもできます．

すなわち検定統計量の確率が有意水準未満である場合，帰無仮説を棄却し

て対立仮説を採択します．検定統計量の確率が有意水準以上である場合は帰無仮説を保留します．これが統計的仮説検定の手続きです．

ただし，以上の手続からわかるように，統計的仮説検定は結果を間違えることがあります．まず第一に，5%でしか起らない現象が観察されたとはいえ，本当にたまたま珍しい現象が起きただけであって，帰無仮説は正しいのかもしれません．帰無仮説が本当は正しいにも関わらず棄却して，対立仮説を採択してしまうことを**第1種の過誤**といいます．

もう一つは，検定統計量の確率が5%を越えたので帰無仮説を保留したけれども，実際には対立仮説の方が正しいという場合で，これを**第2種の過誤**といいます．

なお帰無仮説を保留することと，「帰無仮説を正しい」とすることは別のことです．これは今回のデータからは「帰無仮説が間違っている」と証明するだけの根拠は得られなかったという消極的な判断にすぎません．

6.1 平均値の検定

ここから実践的に仮説検定を学んでいきます．仮説検定とは，あなたが主張したい事柄を統計学的に述べることです．以下の二つの主張を検討してみましょう．

- 内容量が平均的に180gであるはずの缶詰を30缶集めたら，標本平均が180gを下回っていました．ここから製造工程に，誤差で済ませられない異常が生じているといえるでしょうか．
- 社員研修で二つのグループに同じ課題を与えてから習熟度テストを実施したところ，それぞれの平均値に違いが認められました．ここから，二つの社員グループの適正は異なると判断できるでしょうか．

前者は，ある基準となる平均値に変化がないかどうかを標本平均から判断することであり，後者は二つの平均値に違いがあるかどうかを判断することです．前者は**1標本の平均値の検定**と呼ばれ，後者については特に**2標本の平均値の検定**ということもあります．

6.1.1　1標本の平均値の検定

1標本の平均値の場合，第5章で説明したように標本平均から信頼区間を求め，その区間内に比較対象となる平均値が含まれているかどうかで判断することができました．たとえば第5章の始めで，あるメーカーの缶詰について消費者団体が30缶を買い集めて測定したところ，内容量180 gを満たしていないと抗議してきた，という話を取り上げました．データは以下でした．

```
x <- c (178.59,181.14,177.6,180.55,178.54,179.32,
        180.01,179.44,180.65,181.55,179.2,180.56,
        179.9,178.81,179.64,179.63,179.36,178.85,
        179.82,182.43,180.47,179.66,181.54,178.98,
        180.2,179.87,179.05,179.72,179.34,180.26)
```

そこでは信頼区間を推定し，その範囲内に比較対象である180 gが含まれているので，缶詰の本当の平均値，つまりは工場が生産する缶詰の真の平均値が表示通り180 gである可能性を否定できないと結論しました．

本質的に同じことなのですが，これを検定としてとらえ直して分析してみましょう．とはいえ，これにはRのt.test()関数を次のように使うだけです．

```
> t.test(x, mu = 180)

One Sample t-test

data:  x
t = -0.9591, df = 29, p-value = 0.3455
alternative hypothesis: true mean is not equal to 180
95 percent confidence interval:
 179.4445 180.2008
sample estimates:
mean of x
 179.8227
```

第1引数 x は30個の缶詰の測定値を表わすベクトルです．第2引数の mu=180 は比較対象とする平均値で，この場合は工場の既定値である180 gと

比較するよう指定しています．この比較対象は母集団の平均値，すなわち本当の平均値である母平均とみなされます．出力の方の One Sample t-test は 1 標本の t 検定という意味で，データ標本が 1 個で検定には t 分布を使うことを意味しています．5.8.3 項で母集団の標準偏差が未知の場合の区間推定を説明しましたが，1 標本の t 検定が行なうことは本質的にはまったく同じです．t が -0.9591 とありますが，これは次の計算で求められています（Rのコードとしては (mean (x) - 180) / (sd (x) / sqrt (30)) で求めます）．

$$\frac{標本平均 - 母平均}{標準誤差} = \frac{(179.8277 - 180)}{\frac{1.012756}{\sqrt{30}}}$$

標本平均と母平均の差を，標本のサイズと標準偏差で調整した値が検定統計量 t です．これは t 分布という確率分布にしたがう数値です．図 6.1 では x 軸の -0.9591 と 0.9591 の位置からそれぞれ上に線分を伸ばしていますが，この直線と曲線の下の面積が左右ともにそれぞれ約 0.17 になります．標本平均と母平均との差という場合，逆の引き算，つまり母平均から標本平均を引いた場合の t 値となる 0.9591 の確率も含めて判断する必要があります．t 分布は左右対称ですので，0.9591 より右の面積も 0.17 になり，合計した 0.34 が，平均の差が検定統計量 t で ±0.9591 を越える確率になります．これが出力の p-value = 0.3455 の意味です．これを p 値（ピー値）などとも呼びます．出力の下から 4 行目にある 179.4445 - 180.2008 は母平均の 95% 信頼区間です．これは以下のようにしても求めることができます．

```
> qt (0.975, 30 - 1)
[1] 2.045230
> c (mean(x) - 2.045230 * sd(x) /sqrt(30),
+     mean(x) + 2.045230 * sd(x) /sqrt(30))
```

さて平均値の差の検定では，求めた t 値の確率 で仮説の判断を行います．この確率が実験や調査を行う前に定めた基準より小さければ，仮説，正確には帰無仮説を棄却して，対立仮説を採択します．基準としては，一般に 0.05 や 0.01 が使われます．この例で 0.05 と定めていたとすると，データから計算した p 値は約 0.35 であり，したがって帰無仮説を棄却できません．あるいは帰無仮説は保留されます．通常，帰無仮説は「差がない」であり，これが保留されるのですから，検定の結果，標本平均と母平均に「有意な差」は

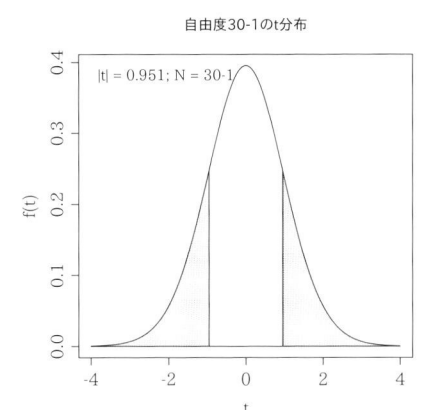

図 6.1 −0.9591 より左と 0.9591 より右の面積が 0.3455

認められないと結論します.「有意な差」とは,文字通り「意味のある差」ということですが,逆に「意味のない差」とは何でしょうか. それは標本の集め方によって偶然に生じる誤差範囲内の数値であって,この程度の差であれば,「メーカー側が意図的に内容量を減らしている」などと主張する根拠はないということです.

仮説検定の手順をもう一度まとめると次のようになります.

1. 帰無仮説と対立仮説の設定
2. 有意水準 (5% あるいは 1%) の設定と検定統計量 (平均値の比較では t 値) の算出
3. 仮説の保留ないし棄却

6.1.2 2 標本の平均値の検定

2 標本の場合を取りあげましょう. ある研修を A グループと B グループに行ない,最終試験の結果が以下であったとします.

第6章 仮説検定

```
A <- c (45,45,46,42,47,45,44,47,43,44,44,47,45,48,44,
        43,48,49,44,47,47,47,48,45,45,45,44,50,44,46)
B <- c (48,50,50,46,48,48,46,49,47,48,50,45,46,49,50,
        51,46,47,47,46,49,47,47,50,48,48,49,47,49,47)
```

前節との違いは，標本が二つあることです．ここでの課題は，それぞれの母平均を推定し，これらに有意な差があるかどうかを確認することです．まず手順として帰無仮説と対立仮説を設定しましょう．

- 帰無仮説：AグループとBグループ，それぞれの試験結果に差はない
- 対立仮説：AグループとBグループ，それぞれの試験結果に差がある

実は，対立仮説としては「Aグループの方がBグループよりも試験結果が良い」あるいは「Aグループの方がBグループよりも試験結果が悪い」とすることも考えられます．単に差があるかどうかの検定を**両側検定**といい，これに対してどちらか片方の平均値が大きい（あるいは小さい）と仮定する検定を**片側検定**といいます．本来，この二つの検定のどちらを行なうかは，実験あるいは調査前に決定しておくべきです．

なお統計解析の入門書の多くでは，2標本の平均値の検定では，あらかじめ「分散が等しい」かどうかを**等分散性の検定**によって調べ，その結果によって二つの異なる方法で平均値の検定を行うという解説がされています．

本書では等分散性の検定は行わず，分散が等しいと仮定できない場合の平均値の検定のみを取り上げます．理由はいくつかありますが，簡単にいえば，そもそも現実のデータにおいて分散が等しいようなケースを想定しにくいということがあります．等分散性の仮定が成立しない場合の検定を特に**ウェルチの検定**と呼びますが，本書では平均値の検定としてウェルチの検定を利用します．以下，実際にウェルチの検定を実施してみます．

```
> t.test (A, B)

Welch Two Sample t-test

data:  A and B
t = -5.1721, df = 55.531, p-value = 3.279e-06
```

```
alternative hypothesis: true difference in means is not equal to 0
95 percent confidence interval:
 -3.237238 -1.429428
sample estimates:
mean of x mean of y
 45.60000  47.93333
```

出力の最初に Welch Two Sample t-test とあり，ここではウェルチの方法による 2 標本の平均値の t 検定が行われたことを意味します．t は -5.1721 で p 値は 3.279e-06 とあり，ほとんど 0 とみなして構いません．つまり 5% 未満の数値なので帰無仮説は棄却され，対立仮説が採択されます．対立仮説は「A グループと B グループ，それぞれの試験結果に差がある」でした．t 検定は t 分布にもとづいて確率を計算しますが，その際自由度が重要になりますので，検定結果をレポートなどに記載する際には自由度も併記してください．$df = 55.531$ の部分が自由度です．たとえば次のように書きます．

「A グループと B グループの平均値の差にウェルチの検定を適用した．有意水準は 5% である．すると自由度 55.531 で t 値は -5.1721 となり，p 値は 3.279e-06 であるので，帰無仮説は棄却される．すなわち A グループと B グループの平均値には有意な差がある．」

「A グループと B グループの平均値の差にウェルチの検定を適用したところ有意差が認められた（ただし $t = -5.1721, df = 55.531, p < 0.01$）．」

6.1.3　2 標本の平均値の検定：片側検定

ところで前節で対立仮説として以下も考えられると述べました．

- A グループの方が B グループよりも試験結果が良い
- A グループの方が B グループよりも試験結果が悪い

この場合データの標本平均は A が 45.6 で B が 47.9 でしたから対立仮説として妥当なのは「A グループの方が B グループよりも試験結果が悪い」の方でしょう．（同じことですが「B グループのほうが A グループよりも試験結果が良い」とも表現できます．）

R で片側検定を行なうには次のようにします．

```
> t.test (A, B, alternative = "less")

        Welch Two Sample t-test

data:  A and B
t = -5.1721, df = 55.531, p-value = 1.639e-06
alternative hypothesis: true difference in means is less than 0
95 percent confidence interval:
     -Inf -1.578689
sample estimates:
mean of x mean of y
 45.60000   47.93333
```

引数 alternative に "less" を指定しています．これは平均値の差 $A - B$ が マイナスになる，つまり A の方が点が悪いということです．"greater" なら A の方が点が良いことを検定します．「B グループのほうが A グループよりも試験結果が良い」を検定したい場合は，引数の順番を変えて t.test(B, A, var.equal = TRUE, alternative = "greater") とします．なお標準設定は "two.sided" となっています．これは両側検定ということです．

　片側検定と両側検定の違いを簡単に説明します．両側検定では t 分布の左右両裾の面積から確率を判断しました．これに対して片側検定では，左と右，どちらか片方の面積で判断します．この例であれば右端の面積分を左端で補うわけです．結果として x 軸で表される有意水準は右に移動します．図 6.2 では，両側検定の場合の t と片側検定の場合の t を重ねています．

　片側の t が右に寄っているのは，両側の場合に右側にあった面積を左側に移したために x 軸の位置が右にずれたことを表しています．検定とは求めた検定量と定められた有意水準とを比較することですが，有意水準（の絶対値）が小さくなるということは，データから求めた検定量の方が大きくなる可能性が高くなるので，帰無仮説も棄却される可能性が高まります．ただし片側検定は平均値がどちら片方へ偏っていることを，分析者が主観的に決めつけた分析を行なうことにもつながります．これが妥当な仮説なのかどうか，分析者はあらかじめ十分に検討する必要があります．

自由度 30-1 の t 分布

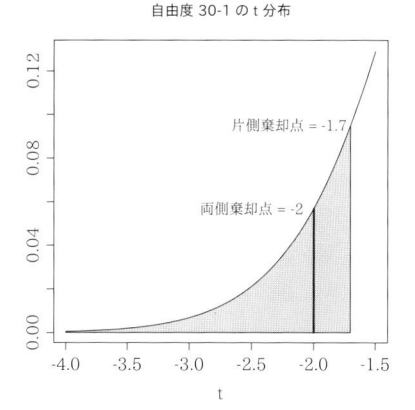

片側棄却点 = -1.7

両側棄却点 = -2

図 6.2　両側検定と片側検定での有意水準の相違

6.1.4　2 標本の平均値の検定：対応がある場合

2 標本の平均値の検定の最後として「対応がある場合」を説明します．対応とは，標本データが二種類あるが，被験者あるいは測定対象が同一であることを意味します．たとえば検定の例として以下の想定をしました．

　　新入社員のあなたは，歩くだけで痩せることのできる靴の開発を進めています．いま試作品が完成したので，効果を実証するためモニター 10 名を募り，平均体重を測り，それから 1 ヶ月の間この靴を履いてもらいました．実験後にモニターの体重を測ると，その平均値は実験前に比べて半キロほど減っていました．この結果をもとに上司に商品化を提案したところ，分析をやり直すよう指示されてしまいました．何がいけなかったのでしょうか．

要するに前後で差が生じているかどうかを調べる手法です．R の場合，これも t.test() 関数を使い，その際に引数として paired = TRUE を与えます．

ここでは別に用意したデータファイルを R に読み込むことから解析を行ってみます．

> **CSV データファイル:**
> 通常，実験や調査の結果は Excel などの表計算ソフトを利用して入力すると思います．こうしたデータは CSV 形式で保存すると，Excel 以外のソフトウェアでも問題なく読み込めるようになります[1]．CSV 形式で保存するには Excel のメニューから「名前を付けて保存」を選びます．そして「ファイルの種類」として「CSV (カンマ区切り)」を選んで保存します．その際，警告が表示されますが，これはシート内で設定したフォントやカラーなどの指定が破棄されますよという警告です．CSV 形式で保存した後，ファイルを閉じようとすると，再び Excel 形式での保存をうながされますが，「保存しない」を選んでファイルを閉じて構いません．

さて CSV 形式で保存したファイルが weight.csv だとしましょう．これを RStudio で読み込んでみます．左上の「Workspace」パネルには「Import Dataset」というボタンがありますので，これを押します．するとデータファイルを選択するダイアログが出ますので，script フォルダにある weight.csv を選択します．次のような画面になります．

---

[1] R は **xlsReasWrite** パッケージや **XLConnect** パッケージを導入すると Excel ファイルもそのまま読み書きできるようになります．詳しくは石田 (2012) やスペクター (2008) を参照してください．

右上の「Input File」は，ファイルの中身をそのまま表示しており，その左上「Name」は読み込み後に参照するオブジェクト名です．「Heading」はファイルに列名がセットされているかどうかを示しており，デフォルトではファイルの 1 行目が列名として扱われます．ファイルに列名が記録されていない場合は，ここで「No」を選択する必要があります．「Separator」はファイルでデータの区切りに使われている記号が自動的に選択されています．このファイルの場合はカンマで区切られています．「Decimal」は小数点を表す記号で通常はピリオド（ドット）です．ヨーロッパなどではカンマが使われている国もあるので，このような選択が必要なのです．最後の「Quote」は，データファイルに文字列がある場合，引用符の有無が表示されています．

　右下には，読み込み後に R でデータフレームとして登録された場合の形式を示しています．いまの場合，現在の設定のまま「Import」を押します．すると「File」パネルに次のように表示されます．

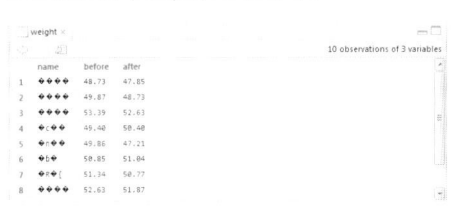

　これをみると，日本語の部分が文字化けしてしまっています．この表示は R の View() 関数が行っていますが，この関数は残念ながら日本語を正しく表示できません．ただし実際には，データは正しく読み込まれています．コンソール・パネルで，weight と入力して Enter を押してみて下さい．データフレームとして日本語も正しく読み込まれていることが確認できます．

　なおコンソールでは read.csv() 関数が実行されていることに注意して下さい．これは R でカンマ区切りのファイルを読み込むための関数であり，「DataImport」ボタンを使うと，この関数が実行されるのです．

　weight は 3 列からなるデータフレームです．データフレームで列ごとにアクセスするには $ を使います．

```
> mean (weight$before)
[1] 50.617
```

```
> mean (weight$after)
[1] 50.084
```

このようにデータフレーム名の後に＄と列名を続けることで，その列だけを計算の対象とすることができます．before は靴を利用する前，after は後で測った体重だという意味です．明らかに体重は減っていますが，これが統計的に有意な差であるかどうかを確かめましょう．標本は二つですが，このデータは同じ人から2回計測していることに注意してください．このようなデータの場合，もともと太っていた人は，仮に新型靴に効果があったとしても，やはり太り気味でしょうし，もともと痩せていた人は，やはり痩せているでしょう．これをデータに**相関**があると表現します．ここでは平均値の差が0となるかどうかを検定します．

```
> t.test (after ~ before, paired = TRUE,
+         data = weight)

        Paired t-test

data:  after by before
t = 1.6468, df = 9, p-value = 0.134
alternative hypothesis: true difference in means is not equal to 0
95 percent confidence interval:
 -0.1991616  1.2651616
sample estimates:
mean of the differences
                  0.533
```

要は，三つ目の引数として paired = TRUE を加えればいいだけです．なお第1引数にはチルダ記号を挟んで二つの変数の関係を表すモデル式を使いました．この場合，data 引数でデータフレームを指定する必要があります．結果は自由度9の t 値 1.6468 の p 値が 0.134 なので，帰無仮説を棄却できません．今回の実験結果からは，新型の靴によって体重が減少したと主張することはできないわけです．

ファイルの読み書き：

ここでデータフレームを csv 形式で保存する方法を説明します．csv 形式とは，データとデータの区切りにカンマを利用したテキストファイルのことでした．write.csv() 関数に，データフレームと新規に作成するファイル名を指定して実行します．作成したファイルは，コンソールで getwd() 関数を実行すると表示されるフォルダに保存されます．フルパスを指定すれば任意の場所に保存することができます（たとえば C:/data/temp/xy.csv を引数にして実行すれば C ドライブ下の data フォルダの中にある temp フォルダに xy.csv というファイル名で保存されます）．作成されたファイルをダブルクリックすれば Excel などの表計算ソフトで開くことができます．

ここでは 85 ページで作成したオブジェクト xy2 を保存してみます．

```
> xy2
        ID Score
1 student-1   100
2 student-2    90
3 student-3    80
4 student-4    70
5 student-5    60
```

オブジェクトを csv 形式で保存するには write.csv() 関数を使います．第 1 引数にオブジェクト名を，また第 2 引数に保存するファイル名を指定します．このとき，既に存在するファイル名を指定すると，警告もなくその中身を上書きしてしまうので，注意して下さい．

```
> write.csv (xy2, file = "xy.csv")
> file.show ( "xy.csv")
"","ID","Score"
"1","student-1",100
"2","student-2",90
"3","student-3",80
"4","student-4",70
"5","student-5",60
```

作成されたファイルの中身を file.show() 関数で確認しています．

write.csv() 関数にデータフレームとファイル名を指定して実行した結果では，文字列は引用符で囲まれ，また左の列には行番号が追加されています．このような形式のファイルを Excel などの表計算ソフトで開こうとして，トラブルが生じることはないと思いますが，念のため，もとのデータフレームでの表示に近い形で保存する方法を説明します．このためには引数 quote と row.names を追加で指定します．

```
> write.csv (xy2, file = "xy.csv",
+            quote = FALSE, row.names = FALSE)
> file.show ("xy.csv")
ID,Score
student-1,100
student-2,90
student-3,80
student-4,70
student-5,60
```

quote と row.names は文字通り，引用符あるいは行名の追加を調整する引数です．デフォルトでは TRUE が設定されています．?write.csv を実行してヘルプを参照してみてください．Usage: の項目に指定可能な引数と，そのデフォルト設定が記載されています．

write.csv() 関数と対になる関数に read.csv() 関数があります．これは CSV ファイルを読み込みます．RStudio では 194 ページで解説した方法で読み込むことができますが，R を単体で使っている場合は，この関数を使ってファイルを読み込みます．

```
xy2 <- read.csv (file = "C:/data/xy2.csv")
```

表計算ソフトによっては区切りがカンマではなく，タブになっている場合もあります．そのようなファイルは read.table() 関数にファイル名を指定して読み込みます．この際，sep = "\t" として，ファイルがタブ区切りであることを指定します．

なお引数 fileEncoding には保存ないし読み込む際の文字コードを指定できます．これは日本語が含まれるファイルを読み込んだり，保存したりする際に便利です．たとえば Windows で作成したデータフレーム

に日本語が含まれており，これを Mac などで読み込めるようにするには，以下のように "UTF-8"を指定して保存します．

```
> write.csv (xy2, file = "xyForMac.csv", fileEncoding = "UTF-8")
```

6.2 質的データ

実は，ここまで説明した検定方法は，厳密にはデータが比例尺度の場合に適切な方法でした．これに対して名義尺度のようなデータにはより適切な検定手法があります．名義尺度データは質的なデータともいいます．これに対して比例尺度のデータは量的なデータともいいます．

ここでは，まず質的データの要約方法からまとめましょう．質的データを要約する自然な方法は，度数あるいは頻度を求め，必要があれば度数を比較することでしょう．R に組み込みの配列データを使って例を示しましょう．ここでは眼と髪の色の対応データを使ってみます．

```
> HairEyeColor
, , Sex = Male

       Eye
Hair    Brown Blue Hazel Green
  Black    32   11    10     3
  Brown    53   50    25    15
  Red      10   10     7     7
  Blond     3   30     5     8

, , Sex = Female

       Eye
Hair    Brown Blue Hazel Green
  Black    36    9     5     2
  Brown    66   34    29    14
  Red      16    7     7     7
  Blond     4   64     5     8
```

このデータの詳細は?HairEyeColorを実行すると表示されますが，要する

に被験者の髪と眼の色の対応を数えた表です．たとえば下の表で，Blond と Blue の交差するセル（升目）に 64 とあるのは，被験者 592 人のうち，髪の色がブロンドで**かつ**眼の色が青だった女性が 64 名いるということです．

ちなみに，このデータの被験者総数は sum(HairEyeColor) で求められます．女性の総数であれば性別は 3 次元属性として登録されていますので，三番目の添字として女性を指定します（配列の操作については 47 ページを参照して下さい）．つまり sum (HairEyeColor [, , "Female"]) を実行します．

ところで，たとえば髪がブロンドの場合，眼は青い，というような傾向があるのでしょうか．上の表で女性 (Female) を取ると，最後の行にある金髪 (Blond) で眼が茶色の被験者が 4 人なのに対して，青 (Blue) の被験者は 64 名と大きな差があります．したがって金髪の女性は眼が青い傾向があるのでしょう．ただし，このデータはある（欧米の）大学で統計学クラスの受講生を調べた結果です．別の集団を調べると，また別の数値からなるデータが得られることになります．

本当に髪と眼の色の関係を調べたければ，すべての女性の髪と眼の色を調べるべきですが，そんな調査は不可能です．そもそもデータ分析で扱うデータは，このように全体から一部のみを調べたデータです．

ここで次のように考えてみましょう．仮に 160 人の女性について髪と眼の色の対応を調べたとしましょう．もしも髪と眼に何の関連性もない場合，理論的には以下のような表が得られるはずです．

理論的な表	Eye			
Hair	Brown	Blue	Hazel	Green
Black	10	10	10	10
Brown	10	10	10	10
Red	10	10	10	10
Blond	10	10	10	10

もっとも被験者を集める際に細工でもしなければ，このようなきれいなデータが得られることはないでしょう．仮に髪と眼の色に何の関係がないとしても，実際には，もっとデータはばらつくはずです．たとえば以下のような結果が得られることもあるでしょうか．

調査による表	Eye			
Hair	Brown	Blue	Hazel	Green
Black	8	10	12	11
Brown	11	10	11	7
Red	12	9	11	11
Blond	7	12	8	10

上の理論的な表と比べるとバラツキがありますが，細工をしない限り，実際の調査からはこのようなデータが得られるのが普通です．この表からは，髪と目の色に特定の対応関係があるようには思えないかもしれません．もっとも以下のようなデータが得られた場合はどうでしょうか？

極端な表	Eye			
Hair	Brown	Blue	Hazel	Green
Black	30	0	10	0
Brown	20	0	20	0
Red	15	5	15	5
Blond	0	20	0	20

これもまた不自然な集計結果ですが，もしも事実だとすれば髪と眼の色の対応には，何らかの傾向があるようにも思えます．

では，髪と眼に関係はなさそうに思えた二番目の表と，明らかに関係がありそうな三番目の表の違いは何でしょうか．これを言葉として説明するのは難しいのではないでしょうか．たとえば二番目の表では髪が黒色で眼が茶色の人数は8ですが，三番目の表では30なので22人も多いです．一方，髪がブロンドで眼が緑のケースは前者が10だけなのに，後者は20と10人も多くなります．この場合160人のデータの中で22人も多いというのは，多くの方に納得されるかもしれませんが，10人も多いというのは誰からも納得されるでしょうか．さらには他の14個のセルについても差を検討する必要があるでしょう．

要するに，差の大小の判断が主観的であり，セルの数が増えると全体像を把握しにくいという欠点があります．

6.2.1 独立性の検定

表のセルごとの違いを客観的に説明する方法として検定を行ないます．改

めて手順を記します．

　まず仮説ですが，統計学の検定では最初にデータに特別な傾向はないとする仮説を立てます．髪と眼の色の例であれば，「ブロンドの場合に眼の色は青ないし緑となる傾向があるわけではない」とします．この仮説には違和感を覚える読者もいるでしょう．むしろブロンドだと眼は青くなる傾向があることを示すのが目的であるはずです．

　統計的検定でも目的は同じです．傾向があることを確認したいのですが，ただ手順が逆なのです．検定では「ない」を仮説とし，これを否定して「ある」を導きます．今の場合は「髪の色と眼に色に関係はない」が仮説です．とはいえ本来の目的はこの仮説を捨て去りたいわけです．そこで，この仮説を帰無仮説といいます．無きものにしたい仮説という意味です．また帰無仮説に対して，これとは反対の仮説を同時に立てます．これを対立仮説といいます．本来は対立仮説の方を主張したいわけです．上の例であれば「髪の色と眼に色に関係がある」が対立仮説です．

　では，どのような場合に帰無仮説は否定できるのでしょうか．上の例の場合，理論的に差がない場合の度数表と実際に観察された度数表の差を数値として求めます．そして数値に大きな差があれば帰無仮説を否定し，それほど大きな差がなければ帰無仮説を保留します．

　次に数値の大小はどのように判定するのでしょうか．ここで確率を使います．確率を使うと，ある数値（あるいは，それより大きな数値）が求まる可能性をパーセンテージとして出すことができます．簡単に説明してみます．まず以下のような表があったとします．人為的に設定した数値ですが，男女別に政党支持率を調査したものと仮定してください．

実測値	支持	不支持	理論	支持	不支持
男性	22	18	男性	20	20
女性	18	22	女性	20	20

　表の左側が実測値で右側が期待値だとします．回答パターンは四つで，被験者数は80名なので，各セルの期待値は20です．

　ここで帰無仮説は，「男女で支持割合に差はない」です．対立仮説は「男女の支持割合には差がある」ということになります．

　この二つの表で対応するセルについて「実測値 − 期待値」の引き算をしま

6.2 質的データ

す．この結果は次のような表になります．

差	支持	不支持
男性	2	−2
女性	−2	2

四つのセルともに，期待値とは一致していないため，いずれも0とはなっていませんが，では全体として，それぞれのセルの差は大きいのでしょうか，あるいは小さいのでしょうか．これを判断するために，統計学ではカイ自乗分布にもとづく**独立性の検定**が利用されます（カイ自乗検定ともいわれます）．Rではchisq.test()関数を使って確認することができます．最初にmatrix()関数でデータを入力し，これに検定を適用してみましょう．

```
> (X <- matrix (c (22, 18, 18, 22), ncol = 2))
     [,1] [,2]
[1,]   22   18
[2,]   18   22
> (X.chi <- chisq.test(X))

	Pearson's Chi-squared test with Yates' continuity correction

data:  X
X-squared = 0.45, df = 1, p-value = 0.5023
```

出力で重要なのは，最後のX-squared = 0.45, df = 1, p-value = 0.5023の部分です．X-squaredは**カイ自乗値**を表し，その大きさが0.45であり，dfは自由度で1, p-valueは確率で約50%を意味します．まずカイ自乗値は，観測値データと理論値の差を表す数値です．そして確率は，このカイ自乗値よりも大きな数値が得られる確率です．この場合は，帰無仮説である「男女で支持率に差はない」を否定する材料はないということになります．

なお，上の出力のカイ自乗値0.45は，コラム「カイ自乗分布」で説明する計算結果とは異なります．実は2行2列の分割表の場合，イェーツの補正という計算の修正が標準で行われます．詳細は省きますが，これは検定の精度を高めるための工夫です．もしも，あえてコラムの計算式通りの結果を出したいのであれば，chisq.test(X, correct = FALSE)のようにcorrect引数にFALSEを指定します．ただし通常は必要ありません．

なお検定の結果をX.chiに代入していますが，このオブジェクトを使っ

て期待値などを出力させることができます．$ に続いてexpectedで期待値，observedで観測値，そしてstatisticでカイ自乗値を個別に出力させることができます．

```
> X.chi$expected
     [,1] [,2]
[1,]  20   20
[2,]  20   20
> X.chi$observed
     [,1] [,2]
[1,]  22   18
[2,]  18   22
> X.chi$statistic
X-squared
     0.45
```

> **カイ自乗分布：**
> ここで独立性の検定の基礎になっている**カイ自乗値**について説明します．カイ自乗値は，カイ自乗分布にしたがって変動する値です．カイ自乗分布も，正規分布と同じく確率分布の一つです．したがってカイ自乗値と確率を対応させることができます．ただしカイ自乗分布でグラフの形状は自由度によって異なります．図で確認してみましょう．この図で実線は自由度 1 のカイ自乗分布です．
>
> カイ自乗分布
>
> [グラフ：横軸 カイ自乗値，縦軸 0.00〜0.25]

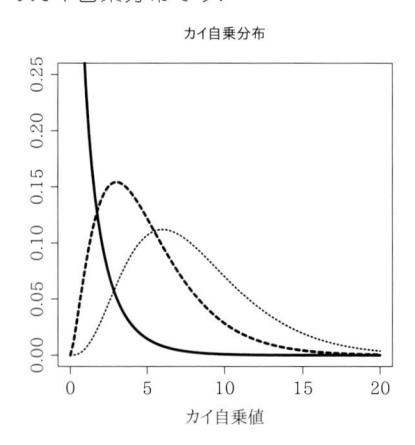

ダッシュは自由度が 5 の場合で，点線は自由度が 8 の場合です．カイ自乗分布は自由度が大きくなると正規分布の形状に近付く分布です．セルが 4 つある場合，自由度は 1 になります．

さて，それではカイ自乗値の求め方を説明します．これは観測データと期待値との差を表す数値です．期待値は以下の手順で求めます．R を使って求めてみましょう．

差	支持	不支持
男性	22	18
女性	18	22

カイ自乗値を求めるには，周辺合計が必要です．周辺合計とは，列ごとあるいは行ごとの合計のことです．R では以下のように addmargins() 関数を使って求めます．

```
> addmargins(X)
     [,1] [,2] [,3]
[1,]  22   18   40
[2,]  18   22   40
[3,]  40   40   80
```

さてまず男性で支持した人の割合について考えます．これは次のように分解できます．

- 全体における男性の割合
- 全体における支持した人の割合

前者が 40/80 で 0.5 で，後者も 40/80 = 0.5 となります．男性で支持した人の割合は，この 2 つを同時に満たすわけです．そこで 0.5 * 0.5 = 0.25 となります．観測者数は 80 ですので，$80 \times 0.25 = 20$ が期待値ということになります．他の 3 つのセルについても，同じように計算できます．計算は読者に任せますが，この例ではすべてのセルで期待値は同じ 20 ということになります．

次に，観測値と期待値の差を取ってみます．

```
> X - 20
     [,1] [,2]
[1,]    2   -2
[2,]   -2    2
```

出力から明らかでしょうが，この四つの数値を合計すると 0 になってしまいます．分割表では，期待値と観測値の差を合計すると必ず 0 になります．自分で確かめてみるとよいでしょう．0 となるような数値では，検定には使えません．すると考えられるのは絶対値をとるか，あるいは自乗することです．一般に統計学では後者の方法を取りいれ，次のように計算します．

$$\chi^2 = \sum_i \frac{(O_i - E_i)^2}{E_i} \tag{6.1}$$

言葉で説明すると，あるセル (i) の観測値 (O_i) から，そのセルの期待値 (E_i) を引いて自乗します．ただ，この値は大きくなりがちですので，期待値で割って調整します．これをすべてのセルについて計算しておき，最後に合計します（それが $\sum$ の意味です）．支持率データの場合は 0.8 が合計値になります．

```
> sum ((X-20)^2/20)
[1] 0.8
```

これが支持率データでのカイ自乗値になります（ただし本文で述べる理由から chisq.test() 関数のデフォルトの出力とは一致しません）．次に，このカイ自乗値が大きいのか小さいのかを判断しますが，これは基準がなければ水掛け論になってしまいます．その基準となるのがカイ自乗分布です．カイ自乗分布は自由度でグラフの形状が定まり，形状が定まれば，その面積から確率を求めることができます．まず自由度ですが，これはデータのうちいくつが自由に動けるかを表します．以下で説明します．

支持率データの場合，2 行 2 列のデータでした．いま 2 行 2 列のデータとして以下のような分割表が与えられたとしましょう．観測データの場合，行と列の合計がすでに定まっていることに注意してください．また総合計は右下の 4 です．

	列A	列B	列合計
行A	1	1	2
行B	1	1	2
行合計	2	2	4

さて，この表と合計が同じになるような数値の組み合わせはいくつかあります．たとえば以下はその一つです．

	列A	列B	列合計
行A	0	2	2
行B	2	0	2
行合計	2	2	4

また以下のようなデータが得られる可能性もあったわけですが，ここで X_1, X_2, X_3 としているセルにはどのような数値がありうるのでしょうか．

	列A	列B	列合計
行A	2	X_1	2
行B	X_2	X_3	2
行合計	2	2	4

すぐにわかると思いますが2行2列の表で列と行の合計が定まっている場合，一つのセルの数値が定まると，残りは自動的に決定してしまいます．すなわち四つセルがあっても自由に設定できるのは一つで，残りは束縛されています．この自由に設定できるセルの数を自由度といいます．分割表の場合，行数から1を引いた数と，列数から1を引いた数を掛け算した結果が自由度になります．今のデータの場合は，$(2-1) \times (2-1) = 1$ です．

では自由度が1のカイ自乗分布の場合，カイ自乗値が0.8より大きくなる確率はどれほどでしょうか．これはRで pchisq() 関数を使って次のように求めます．

```
> 1 - pchisq (0.8, df = 1)
[1] 0.3710934
> pchisq (0.8, df = 1, lower.tail = FALSE)
[1] 0.3710934
```

pchisq() 関数は第 1 引数で指定されたカイ自乗値を基準として，その右の面積を計算する関数です．前章で pnorm() 関数を紹介しましたが，norm の部分が chisq に変わっています．すなわちカイ自乗分布（Chi-squared distribution）を指定しているわけです．確率の合計は 1 ですから，この値を 1 から引き算すれば，指定されたカイ自乗値より大きな数値が出る確率が求まります．あるいは引数として lower.tail = FALSE を追記すると 1 から引くという手順を省略できます．これをグラフで表すと図のようになります．グレーの部分の面積が今求めた約 0.37 に対応します．

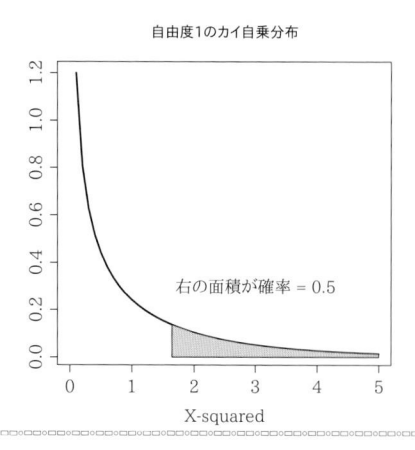

自由度1のカイ自乗分布

右の面積が確率 = 0.5

X-squared

R における確率関数：

正規分布の確率密度を調べる関数に pnorm() 関数や qnorm() 関数がありました．またカイ自乗分布の確率密度を調べる関数は pchisq() 関数や qchisq() 関数です．関数名の最初の d, p, q はそれぞれ density, probability, quantile を表しているわけです．

分布	確率密度関数	累積確率密度	分位点関数
正規分布 (_norm)	dnorm	pnorm	qnorm
カイ自乗分布 (_chisq)	dchisq	pchisq	qchisq
二項分布 (_binom)	dbinom	pbinom	qbinom
t 分布 (_t)	dt	pt	qt

たとえば平均が 0 で標準偏差が 1 の正規分布で，平均値が 0 の位置での確率密度 (y 軸の高さ) は dnorm() 関数で求めます．この際，正規分布の形状を決定する引数を二つ指定します．正規分布の場合は平均 (mean) と標準偏差 (sd) です．この引数を**パラメータ**といいます．さらに横軸 (x 軸) の左端からの面積 (累積確率) を求めるのが pnorm() 関数であり，この逆に左端からの面積が 0.5 となる x 軸の値 (分位点) を算出するのが qnorm() 関数です．

```
> dnorm (0, mean = 0, sd = 1)
[1] 0.3989423
> pnorm (0, mean = 0, sd = 1)
[1] 0.5
> qnorm (0.5, mean = 0, sd = 1)
[1] 0
```

確率分布ごとに指定すべきパラメータは異なりますが，R では分布名を表す略語 (正規分布ならば norm) の頭に d (density), p (probability), q (quantile) を冠する関数が用意されています．

6.2.2 対応のある独立性の検定

平均値の検定で，同じ人から二度体重を測った場合に「対応のある検定」をする必要があると説明しました．独立性の検定でも，たとえば，ある有権者に選挙の前後での政党への支持を尋ねた場合などは「対応」を考慮する必要があります．この場合は**マクネマー検定**(McNemar test) を実行します．

表 6.1 の調査結果が得られているとします (架空のデータです)．ここでは R での実行方法を解説するにとどめます．

```
> (senkyo <- matrix (c (18, 8, 15, 21), byrow = TRUE,
+                    ncol = 2))
```

表6.1 選挙前後に内閣支持率の変動.

	支持する（選挙後）	支持しない（選挙後）	合計
支持する（選挙前）	18	8	26
支持しない（選挙前）	15	21	36
合計	33	29	62

```
     [,1] [,2]
[1,]  18    8
[2,]  15   21
> mcnemar.test (senkyo)

    McNemar's Chi-squared test with continuity correction

data:  senkyo
McNemar's chi-squared = 1.5652, df = 1, p-value = 0.2109
```

マクネマー検定の統計量もカイ自乗値ですが，これが 1.57 で，その p 値が 0.21 なので，帰無仮説「選挙前後で政党支持に変化はない」は保留されます．

第7章

応用的解析

7.1 三つ以上の平均値の比較：分散分析

　ここまでは二つの平均値に有意な差があるかどうかを検定してきました．これを拡張して，三つの平均値に差があるかどうかを確かめる統計手法が**分散分析**です．たとえば植物を三つの異なる条件で栽培し，実験後の収穫量を比較する場合などに利用される手法です．以下は R に始めから用意されているデータで，栽培条件の異なる植物の成長記録です．その一部を抽出して表示します．

```
> PlantGrowth [c (1:3, 11:13, 21:23), ]
   weight group
1    4.17  ctrl
2    5.58  ctrl
3    5.18  ctrl
11   4.81  trt1
12   4.17  trt1
13   4.41  trt1
21   6.31  trt2
22   5.12  trt2
23   5.54  trt2
```

　c(1:3, 11:13, 21:23) の部分は 1 行目から 3 行目，また 11 行目から 13 行目，21 行目から 23 行目を取り出すという指定です．このデータで変数 group から一部を表示するため，このような添字指定を行っています．group は三種類の栽培条件 "ctrl"，"trt1"，"trt2" の区別を表わし，weight には，その

条件で栽培された植物の個体ごとに重量が記録されています．ここで個体の種別ごとに重量の平均値に有意な差があるかどうかを調べるには R の aov() 関数を利用します．

```
> PGaov <- aov (weight ~ group, data = PlantGrowth)
> summary(PGaov)
            Df  Sum Sq  Mean Sq  F value  Pr(>F)
group        2   3.7663  1.8832   4.8461  0.01591 *
Residuals   27  10.4921  0.3886
---
Signif. codes:  0 '***' 0.001 '**' 0.01 '*' 0.05 '.' 0.1 ' ' 1
```

weight ~ group はモデル式 (formula) と呼ばれる独特の記法です．これは weight 変数の平均値を group 変数別に求め，そこに有意な差があるかどうかを検定することを表わしています．また，このように変数間に意味ある関係を構築することをモデル化といいます．

aov() 関数の出力は複雑ですので，結果をいったん別の変数に保存しておき，その上で summary() 関数を使って要約を確認します．この出力では group という行の最後の欄 Pr(>F) が 0.0159 となっていますが，これは確率です．これがあらかじめ定めた有意水準，たとえば 0.05 と比較して小さい場合は，平均値には有意な差があると結論できます．つまり栽培方法 (group) の違いが，収穫量に影響しているわけです（Df などの意味は後述します）．

ここで栽培条件のように，ある測定値に影響を与えている可能性のある変数を**因子**や**要因**と呼びます．また栽培条件の区別を**水準**と呼びます．この例の場合，水準は ctrl, trt1, trt2 の三つです．分散分析では，個々の測定値の大きさは三つに分解できると考えます．すなわち「全体の平均」＋「水準ごとの効果」＋「水準ごとの誤差」です．水準の効果とは水準の平均値から全体の平均値を引いた値であり，水準ごとの誤差とは，水準内部の各測定値からその水準の平均値を引いた値です．ここで R の aov() 関数が背後で行なっている計算を追ってみましょう．説明のため，まず水準ごとに列を分けてみます．

```
> (PG2 <- unstack (PlantGrowth))
   ctrl trt1 trt2
1  4.17 4.81 6.31
```

```
2  5.58 4.17 5.12
3  5.18 4.41 5.54
   ... 以下略
```

unstack() 関数はデータを整形します．この場合，因子の水準ごとに列を分けたオブジェクトを生成します．1 列目には ctrl の 10 個のデータが縦に並び trt1 と trt2 も同様に列ごとにまとまっています．

このすべての要素から観測値全体の平均値を引き，それぞれを自乗して合計した値を**全体平方和**といいます．

```
> (PG.M <- mean (PlantGrowth$weight))  # 全体平均値
[1] 5.073
> PG.S <- PG2 - PG.M    # 各データ値から全体平均値を引く
> sum (PG.S^2)          # それを自乗した全体平方和
[1] 14.25843
```

次に各水準ごとの平均値を求めて，これと全平均の差を自乗します．この結果を水準の数だけ足し合わせます．ここでは水準ごとの平均値を 10 個並べた列を用意し，これを行列にまとめます．そして，この行列のすべての要素から全平均を引き，その自乗を合計します．これを**水準間平方和**といいます．これは水準の効果，あるいは独自性を意味します．

```
> PG.M2 <-  matrix (rep (mean (PG2), 10), byrow = T,
+                   ncol = 3)
> PG.M2   # 水準ごとの平均値を各列 10 個並べた行列
      [,1]  [,2]  [,3]
 [1,] 5.032 4.661 5.526
 [2,] 5.032 4.661 5.526
 [3,] 5.032 4.661 5.526
   ... 中略
> PG.SM <- PG.M2 - PG.M # 行列の全成分について全体平均値を引く
> sum (PG.SM^2)         # 水準間平方和
[1] 3.76634
```

次にもとのデータ PG2 の各要素から各水準の平均値 PG.M2 を引きます．その結果を自乗し，最後に合計します．これは**水準内平方和**といい，水準内部での誤差を表します．

```
> PG.SM2 <- PG2 - PG.M2
```

```
> PG.SM2
    ctrl   trt1   trt2
1 -0.862  0.149  0.784
2  0.548 -0.491 -0.406
3  0.148 -0.251  0.014
  ... 中略
> sum (PG.SM2^2)
[1] 10.49209
```

ここで先ほどの aov() 関数の実行結果を再度引用します．

```
> summary (PGaov)
            Df  Sum Sq Mean Sq F value  Pr(>F)
group        2  3.7663  1.8832  4.8461 0.01591 *
Residuals   27 10.4921  0.3886
```

列名の Sum Sq は平方和を表わしますが，3.7663 は水準間平方和に，また 10.4921 は水準内平方和に対応していることを確認してください．その横の Mean Sq は平均平方和で，各平方和を Df 列の自由度で割った数です．group 行の自由度 2 は水準の個数から 1 を引いた値で，Residuals の場合はデータ数から水準の数 3 を引いた値です．自由度とは，束縛されていないデータの個数です．たとえば水準間平方和の計算で全体平均を利用したことを思い出してください．この場合，水準の（平均値の）数は三つですが，全体平均がわかっているので，どれか二つの水準の平均値がわかれば，残り一つの平均値は定まってしまいます．同じように，水準内平方和では三つの水準それぞれの平均値を利用しましたので，全データ個数 30 から 3 を引いた 27 が自由度になります．F value は水準間の平均平方和を，水準内の平均平方和で割った値です．もし，この値が 1 であれば，水準間の平方和と水準内の平均平方和が等しいことになります．この意味は，水準間の違いには，誤差（水準内の平方和）と比べて大きな効果は認められないということです．逆に，この数値が大きければ，誤差では説明できない効果が水準ごとに認められることになります．この割合が，分散分析での検定統計量になります．分子も分母も自乗された結果の数値であることが特徴ですが，この値は **F 分布** という確率分布にしたがいます．すなわち F 分布で x 軸が 4.8461 より大きくなる確率を求めます．これは R では pf() 関数という関数で求めますが，こ

の際，分子と分布それぞれの自由度も指定する必要があります．F分布は連続量の確率なので，この関数の出力は累積確率になります．すなわち割合が4.8461未満となる確率です．いま求めるのは，割合が4.8461かそれを越える確率です．そこで1から引きます．

```
> 1 - pf( 4.8461, 2, 27)
[1] 0.01590982
```

これがaov()関数の出力を要約したsummary()関数の出力にあるPr(>F)欄と同じ結果であることを確認してください．すなわち有意水準を5％とすると，「水準間の効果はない」とする帰無仮説は棄却され，対立仮説が採択されます．すなわち，肥料によって植物の成長には差が生じていることになります．

7.1.1 多重比較

分散分析の結果，水準の平均値の間に差があることが示されました．ところで，この場合水準は三つありますが，水準に差があるという意味は，ある水準と別の水準のペアで平均値に差があるということです．ここで取り上げた植物データの場合，三つの水準がありますので，ペアの組み合わせは三つあります（choose(3,2)を実行してみてください）．しかし分散分析の結果が有意だったとしても，この三つのペア**すべて**に差があることを意味しません．これを確認しましょう．

ここで注意すべきなのは，二つの平均値のペアが三つあるわけですが，2標本平均値を比較するt検定で，合計3回検定を行なうのは正しくありません．統計解析では有意水準として5％を指定します．すなわち20回に1回しか生じない現象が観測されたので，これは偶然の差ではなく意味のある差だと考えます．が，逆にいえば同じ実験を20回繰り返せば，たとえ偶然でも1回ぐらいは「有意な差が出る」ということです．もっとストレートには，標本検定を繰り返せば，本当は差がなくとも，いずれ有意な差があるという結果が出ます．

複数回の検定を行なう場合は棄却水準をさらに小さくするなどの調整が必要になります．これを**多重比較**といいます．ここではTukeyの多重比較をR

で実行してみます.具体的には aov() 関数の実行結果に,さらに TukeyHSD() 関数を適用します.

```
> PG.aov <- aov (weight ~ group, data = PlantGrowth)
> PG.Tukey <- TukeyHSD (PG.aov)    # 結果に TukeyHSD を適用
> plot (PG.Tukey)
> PG.Tukey

  Tukey multiple comparisons of means
    95% family-wise confidence level

Fit: aov(formula = weight ~ group, data = PlantGrowth)

$group
            diff        lwr       upr     p adj
trt1-ctrl -0.371 -1.0622161 0.3202161 0.3908711
trt2-ctrl  0.494 -0.1972161 1.1852161 0.1979960
trt2-trt1  0.865  0.1737839 1.5562161 0.0120064
```

出力では $group の項目が重要です.たとえば trt1-ctrl の平均値の差が -0.371 であり,その 95% 信頼区間が -1.06 から 0.32 ということを意味しています.これをグラフで表わしたのが図 7.1 です.

この図では各水準での平均値の差から,その 95% 信頼区間を描いていま

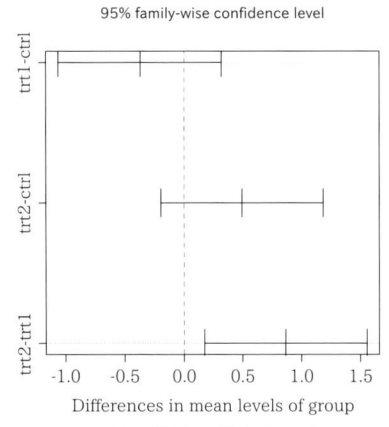

図 7.1 肥料の効果の差を表わすグラフ

7.1 三つ以上の平均値の比較：分散分析　217

す．二つの平均値の差ですから，これが 0 となる可能性があれば，二つの水準の間には有意な差はないということになります．また水準は三つありますからペアとなる組み合わせは三つあり，図の横向きの実線がその差の 95%信頼区間を表わします．中央に縦で破線が描かれていますが，これは 0 に対応します．すなわち各実線が，この破線をまたいでいれば，差が 0 になる可能性があり，したがって二つの平均値には差がない，すなわち効果に有意な差はないということになります．この図では trt1 と trt2 の差を表わす実線に 0 が含まれていません．つまり，この二つの肥料の効果には差があり，分散分析の結果はこれを表わしていることになります．逆に 0 をまたいでいる ctrl と trt2 の平均値や ctrl と trt1 の平均値には有意な差は認められません．

7.1.2　交互作用

　ここで少し複雑なモデルの指定を行ってみましょう．交互作用を指定してみます．R に組み込まれている ToothGrowth というデータを例に取ります．これはモルモットの歯の成長と，ビタミン C の与える効果を調べたデータです．変数 len は歯の長さを表し，dose はビタミンの投与量 (0.5, 1, 2 mg の三段階)，supp はビタミン C の投与方法で，オレンジジュースと合成ビタミン C の二つの水準があります．投与量が増えると，歯の成長も促進されそうですが，投与方法の違いが歯の成長に影響しているでしょうか．このように，ある因子の水準と，別の因子の水準の組み合わせによって効果が異なることを**交互作用**といいます．

　交互作用を確認する方法の一つが，プロットを作成してみることです．R では interaction.plot() 関数を使うことができます．

```
> with (ToothGrowth, interaction.plot (dose, supp, len))
```

　ここで利用している with() 関数は，データを操作するための関数です．この関数では第 1 引数で指定したデータについて，第 2 引数で指定した式を実行します．データフレームの変数にアクセスするには，ToothGrowth$ を使って，たとえば ToothGrowth$ dose などとするか，あるいは関数の引数として data を指定する必要があります．interaction.plot() 関数では data

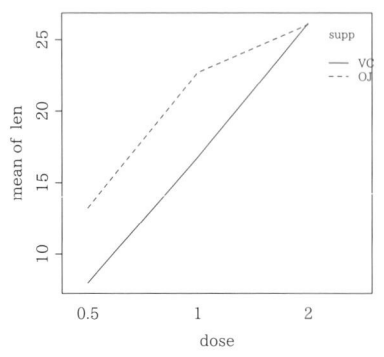

図 7.2 交互作用の検証プロット

引数の指定ができません．そのため列変数の頭に ToothGrowth$ を付加する必要がありますが，コードがどうしても長くなってしまいます．with() 関数を使うと，内部の変数列にそのままアクセスすることができます．

作成されたプロットが図 7.2 です．プロットからは，破線で表されたオレンジジュースの方が成長が高いようです．そして容量が増えるにしたがって，成長も高まるようですが，ただオレンジジュース (OJ) の場合，容量が 1 を超えると，成長はやや鈍化するようです．

まず分散分析を行ってみましょう．交互作用では supp + dose + supp:dose というモデル式を使います．コロン：で挟んだ指定が，supp と dose の交互作用を指定していることになります．もっとも，説明変数の式が長くなりますので，もう少し簡単な記述方法があります．supp * dose です．このように指定すると R が自動的に supp + dose + supp:dose と展開してくれます．

```
> TG.aov <- aov (len ~ supp * dose, data = ToothGrowth)
> summary (TG.aov)
            Df Sum Sq Mean Sq F value   Pr(>F)
supp         1  205.4   205.4  12.317 0.000894 ***
dose         1 2224.3  2224.3 133.415  < 2e-16 ***
supp:dose    1   88.9    88.9   5.333 0.024631 *
Residuals   56  933.6    16.7
---
Signif. codes:  0 '***' 0.001 '**' 0.01 '*' 0.05 '.' 0.1 ' ' 1
```

Pr(>F) 欄の値から個々の変数も，また二つの交互作用も有意であること

がわかります.すなわちデータには交互作用があり,歯の成長はビタミンの投与量によって増進しますが,投与方法によっても成長率は変化すると考えられます.

当然ながら,どのようなデータでも交互作用が認められるとは限りません.また変数の数が増えると,理論的に検討可能な交互作用の数も増えます.たとえば因子が年齢,性別,職業だったとします.この場合の最大のモデルをRでは「年齢＊性別＊職業」として簡単に表現できますが,実際には「年齢＋性別＋職業＋年齢：性別＋年齢：職業＋性別：職業＋年齢：性別：職業」という多くの項目からなるモデルです.もちろん過去のデータや理論的な背景から,有効な因子とそうでない因子を分けられる場合もあるでしょうが,さもなければ項目を足したり引いたりして,最終的に最適なモデルを導く必要があります.これを**モデル選択**といいますが,ある程度自動化することができます.モデル選択については232ページの重回帰分析で取り上げます.

7.2 回帰分析

回帰分析はビジネスデータなどの解析で頻繁に用いられる手法です.よくたとえに出されるのが,外気温とビールの売り上げです.気温が上ればそれだけビールが売れるというのは,直感的には理解できることですが,これを統計的にモデル化するのが回帰分析です.

ここではRに組み込まれている自動車の走行速度と停止距離の関係を表わすデータを例にしましょう.

```
> head (cars)
  speed dist
1     4    2
2     4   10
3     7    4
4     7   22
5     8   16
6     9   10
```

もとデータのspeed変数はマイルを単位とした時速で,distはフィート

ですので,これをキロとメートルに直して散布図にしてみましょう.1マイルは約 1.6 キロで 1 フィート 約 0.3 メートルです.ここでは単純に変数を上書きします(変数を変換する別の方法については 115 ページを参照して下さい).

```
> cars$speed <- cars$speed * 1.6
> cars$dist <- cars$dist * 0.3
> head (cars) # 冒頭の6行を表示
  speed dist
1   6.4  0.6
2   6.4  3.0
3  11.2  1.2
4  11.2  6.6
5  12.8  4.8
6  14.4  3.0
> plot (cars) # プロットを作成
```

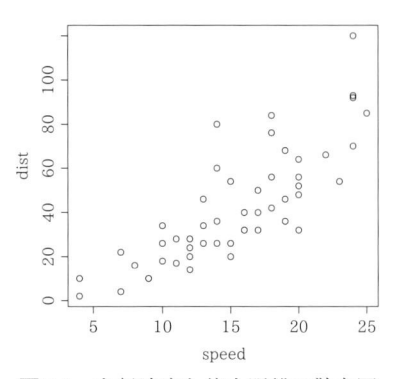

図 7.3 走行速度と停止距離の散布図

最後に散布図を描いています.この図から x 軸のスピードが上ると,それだけ停止に要する距離が長くなることがわかります.これをデータに相関があるといいます.統計解析では相関を数値指標でも表現します.これを**相関係数**といい R では以下で求めます.

```
> cor (cars)
          speed      dist
speed 1.0000000 0.8068949
dist  0.8068949 1.0000000
```

四つの数値が出ていますが、実際には 2 種類の数値があるだけです。speed と dist（あるいは順序を入れ替えて dist と speed）の交差するセルには 0.8068949 とありますが、これが二つの異なる変数間の相関係数です。speed と speed、そして dist と dist の交差するセルは 1 になっています。まったく同一のデータですから完全に相関することを表しています。変数が完全に相関する場合、相関係数は 1 になります。

相関係数は −1 から 1 の間の数値となり、1 に近ければ正の相関があるといい、−1 に近ければ負の相関があるといいます。負の相関とは、一方の値が大きくなるともう一方の値が小さくなる場合です。都心からの距離とマンションの賃貸価格などが例になるでしょう。

相関係数と共分散：

二つの変数の相関を測る指標である相関係数は以下の式で表現されます。

$$r = \frac{S_{XY}}{\sqrt{S_{XX} S_{YY}}}$$

ここで S_{XX} と S_{YY} は変数 X と Y それぞれの分散です。分散の求め方は 154 ページを参照して下さい。一方、S_{XY} は共分散といいます。次の式で求められます。

$$S_{XY} = \sum_{i=1}^{N} (X_i - \bar{X})(Y_i - \bar{Y})$$

要するに一方の変数 X とその平均からのズレ（変動）と、他方の変数（Y）とその平均からのズレを乗じることを、すべてのデータについて求めているわけです。この数値が大きいということは、一方の変動が大きければ、これに合わせるかのように他方の変動も大きいことを意味します。

ただし共分散は純粋に二つの変数間の関係を表しているわけではなく、変数の単位（メートルかセンチメートルかなど）にも依存します。そこで、それぞれの変数について平均が 0、標準偏差が 1 になるように調整した指標が相関係数になります。

speed 変数と dist 変数では，相関係数が 0.8 で，かなり強い相関があります．このことはグラフからも明らかです．散布図 7.3 でデータ点が左下から右上へと，ほぼ直線上にあることに注目してください．回帰分析は，線形回帰分析ともいわれますが，相関のあるデータに直線をあてはめる分析手法です．直線は $Y = a + bX$ で表わされますから，X にある値を代入すれば Y が求まります．観測されたデータには誤差がありますから，直線式から求められた Y と実際の観測値は一致しませんが，平均的には Y に等しいと考えるのが線形回帰分析です．

問題は，直線式をどのように計算するのかですが，これには**最小自乗（二乗）法**(Least Squares) が用いられます．最小自乗法を図で説明しましょう．図 7.4 にはデータ点が 10 個ありますが，その間を直線が通っています．これを回帰直線といいます．この回帰直線と各データは縦の線で結ばれていますが，これらの縦線ができるだけ短かくなるように回帰直線を選ぶのが最小自乗法です．結論を先に書くと，回帰式の係数は以下で求められます．X_i と Y_i は個々の観測データを指します．$\bar{X}$ と $\bar{Y}$ はそれぞれの平均です．

$$b = \frac{\sum(X_i - \bar{X})(Y_i - \bar{Y})}{\sum(X_i - \bar{X})^2}$$

$$a = \bar{Y} - b\bar{X}$$

R で実行してみましょう．回帰分析は lm() 関数で実行します．

```
> cars.lm <- lm(dist ~ speed, data = cars)
> summary(cars.lm)

Call:
lm(formula = dist ~ speed, data = cars)

Residuals:
    Min      1Q  Median      3Q     Max
-8.7207 -2.8576 -0.6816  2.7644 12.9604

Coefficients:
            Estimate Std. Error t value Pr(>|t|)
(Intercept) -5.27373    2.02753  -2.601   0.0123 *
speed        0.73733    0.07791   9.464 1.49e-12 ***
---
```

図 7.4 最小二乗法の原理

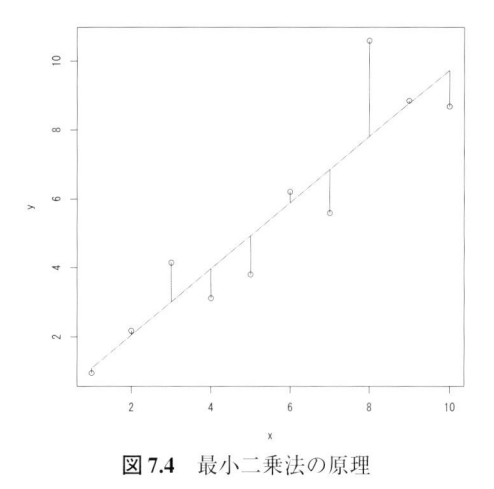

```
Signif. codes:  0 '***' 0.001 '**' 0.01 '*' 0.05 '.' 0.1 ' ' 1

Residual standard error: 4.614 on 48 degrees of freedom
Multiple R-squared: 0.6511,	Adjusted R-squared: 0.6438
F-statistic: 89.57 on 1 and 48 DF,  p-value: 1.490e-12
```

　dist ~ speed はモデル式と呼ばれる記法です．これは dist 変数を speed 変数で説明する，あるいは dist 変数を speed 変数の関数とみなすことを表わします．すなわち直線式の Y にあたるのが dist 変数で，X にあたるのが speed 変数です．チルダ記号の前にある Y を**目的変数**，後ろの X を**説明変数**といいます．最後に data 引数で対象となるデータを指定しています．cars というデータに，dist と speed の二つの変数があるという意味です．

　lm() 関数の実行結果は，いったん別の変数 cars.lm に代入しておき，これに summary() 関数を適用することで結果を表示させます．

　最初の Call: は回帰オブジェクトのモデルを意味します．lm() 関数に引数として与えたモデル式のことです．Residual は**残差**を意味します．これはデータの実際の値と，回帰式で理論的に求められる値との差のことです．この差が少なければ，モデルはデータをよく反映していることになります．Coefficients という欄に直線式の係数に関する情報があります．Estimate というのは係数の推定値のことです．ここから $Y = -5.2737 + 0.7373X$ が回

帰直線となることがわかります．X（速度）が1 (km) 増えると，Y（停止距離）は 0.73 (m) 長くなるわけです．

さらに Std. Error は係数の誤差，t value は推定値の検定統計量を表わす t 値で，その確率 Pr(>|t|) は 1.49e-12 とあります．これは帰無仮説「係数は 0 である」を検定しています．係数が 0 ということは，X に何を代入しても Y の値は変化しません．つまり変数間の関係をまったく表現していないことになり，係数には意味がなくなります．この例で p 値は 0 とみなして構いませんので，帰無仮説は棄却されます．すなわち，この回帰式には意味があることになります．

さらに出力の下に Residual standard error などの項目があります．ここには残差の分布がモデル式に適合しているどうかを判定する指標が並んでいます．これらは，線形回帰式がデータをどれだけ「説明」しているか，あるいは回帰式によるあてはめが適切かどうかを表わす指標です．Multiple R-squared と Adjusted R-squared は，それぞれ**決定係数**と**自由度調整済み決定係数**と呼ばれ，この統計モデルがデータに適合しているかどうかの指標です．これが 1 に近いほどデータにモデルがあてはまっていることなります．自由度調整済み決定係数の方は，標本数と説明変数の数を考慮した指標です．F-statistic は，**F 検定統計量**で帰無仮説「係数がすべて 0 である」を検定します．これは「回帰式には意味がない」という仮説ですが，ここでは p 値がほぼ 0 ですので棄却されます．

なお回帰分析の結果を使って，散布図に回帰直線を追加してみます．散布図の作成から改めて実行すると，次のようになります（図 7.5 を参照）．

```
> plot (cars)
> abline (cars.lm)
```

abline() 関数は回帰オブジェクトから切片と傾きを自動的に抽出し，散布図に追加します．

回帰分析では最適な直線を求めるのに最小自乗法を使っています．この仕組みについて，**animation** パッケージで確認してみましょう．パッケージがロードされていることを右のファイル・パネルの「Packages」タブで確認した上で，以下のコードを実行します．

7.2 回帰分析 225

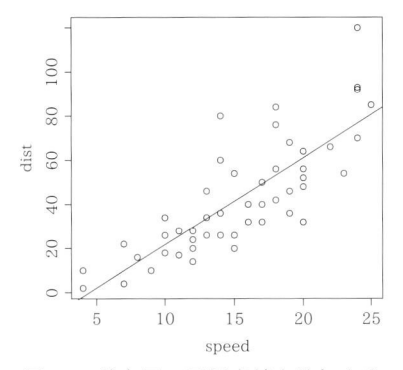

図 7.5 散布図に回帰直線を追加する

```
> example (least.squares)
```

「Plots」タブで，左のプロットに表示されている白抜きの点がデータであり，その間を通る直線が描かれます（図 7.6）．

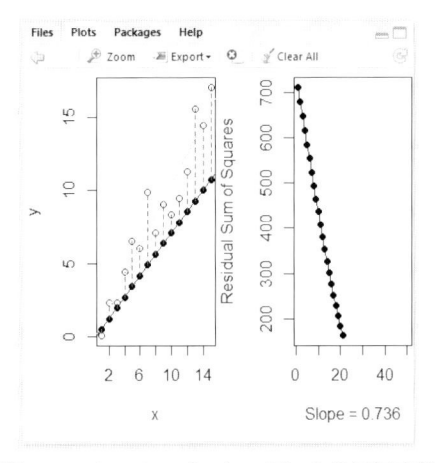

図 7.6 **animation** パッケージによる回帰直線

最初に直線の傾き (slope) が変化していき，それぞれの傾きで直線とデータの差の合計（残差）が右側のプロットに描かれます．傾きが変化していくと，右側のプロットで残差が減り続けますが，途中から増大に転じます．この減少から増大に変わるところで，データと直線の残差が最小になるわけ

です．このときの傾きが最適となります．アニメーションでは，続いて切片 (Intercept) を移動した場合の残差の変化を示すプロットが表示されます．

7.2.1 予測

回帰分析でデータを統計的にモデル化できれば，これを予測に使うことができます．たとえば cars データには，時速 33 km と 34 km のデータがありませんが，この場合停止距離はどれくらいになるでしょうか．R で予測してみましょう．

```
> cars.new <- data.frame (speed = c (33,34))      # 新しいデータを用意
> cars.new
  speed
1    33
2    34
> cars.pred <- predict (cars.lm, newdata = cars.new)   # 予測を実行
> cars.pred
        1         2
19.05805 19.79538
> cars.pred2 <- predict (cars.lm, newdata = cars.new, # 信頼区間まで求める
+                       interval = "confidence" )
> cars.pred2
       fit      lwr      upr
1 19.05805 17.20437 20.91173
2 19.79538 17.82791 21.76285
```

始めに，speed のデータ値をデータフレームとして新規に作成し，次に predict() 関数に第 1 引数として回帰モデルの実行結果を，そして第 2 引数にいま作成したデータフレームを指定します．回帰分析では，目的変数には正規分布にしたがう誤差があると仮定していますので，実際に 33, 34 のデータを測ることができたとしても，その結果が 19.05805 と 19.79538 に一致することはありません．そこで，Y の値の 95％信頼区間を求めたのが，predict() 関数に三つ目の引数として interval = "confidence" を加えて実行した結果です．すなわち時速 33, 34 の場合の停止距離は，95％の確率で前者が 17.2 から 20.91 メートルの間，後者が 17.83 から 21.76 メートルの間と予測されます．

このように相関係数や回帰分析は，二つの変数の関連性を調べるのに適し

ていますが，注意も必要です．これは統計学的に，関連の強さを指摘しているだけであって，因果関係とは必ずしも一致しません．たとえばある企業で，社員の年収を目的変数とし，説明変数をその社員の血圧に設定すると，おそらく高い相関が得られるでしょう．また回帰分析においては，説明変数として有意になるでしょう．

　しかしながら年収の分布を考える上で血圧を考慮することが重要でしょうか．むしろ年収と関係が深いのは年齢の方ですが，ただ年齢が上がると，血圧も上がる傾向があるので，結果として年収と血圧にみかけの相関が生じるのです．すなわち年収と血圧は，年齢を媒介として相関しているのです．

第8章
高度な解析手法

8.1 多変量データを扱う

本章では，もう少し複雑な解析手法を紹介します．複雑というのは，二つの意味合いがあります．まず第一に，変数が複数あるということです．第二に，複数の変数から必要とする情報だけを抽出する高度な手法が利用されるということです．

前章の最後で取り上げた回帰分析においても，変数は二つありました．たとえば車の速度と停止距離の関係をモデル化しました．あるいは家賃と都心からの距離も，二つの変数の関係として興味深い問題でしょう．

ところで家賃を設定する上で，都心からの距離は重要な要素でしょうが，それだけとはいえないでしょう．間取りの広さも当然ながら考慮されるべき要因です．すると，このモデルは家賃という変数を，都心からの距離と間取りという二つの変数で説明するモデルとなります．説明変数が二つ以上の回帰分析を，重回帰分析といいます．

また特に三つ以上の変数を含むデータを多変量データといい，その分析を多変量解析といいます．本章では多変量解析について説明します．

8.1.1 重回帰分析

最初に回帰分析を拡張して，説明変数が二つ以上の場合を取り上げます．これを**重回帰分析**といいます．説明変数が一つ場合は特に単回帰分析ということもあります．

8.1 多変量データを扱う

ここで R に組み込まれている airquality データを使って説明しましょう．これはニューヨークにおける 1973 年 5 月から 9 月までの大気中のオゾン濃度 Ozone の測定データです．オゾン濃度 (Ozone) に影響を与える変数，すなわち説明変数として太陽放射量 (Solar.R)，風力 (Wind)，気温 (Temp)，月 (Month)，日 (MDay) について記録されています．このデータの特徴は，すべての変数が量的なデータであることです．

これらを説明変数として，オゾン濃度を説明する重回帰分析を実行してみましょう．この重回帰モデルを R では以下のように実行します．

```
> Ozone.lm <- lm (Ozone ~ Solar.R + Wind + Temp + Month + Day,
+                data = airquality)
> summary(Ozone.lm)

Call:
lm(formula = Ozone ~ Solar.R + Wind + Temp + Month + Day,
    data = airquality)

Residuals:
    Min      1Q  Median      3Q     Max
-37.014 -12.284  -3.302   8.454  95.348

Coefficients:
             Estimate Std. Error t value Pr(>|t|)
(Intercept) -64.11632   23.48249  -2.730  0.00742 **
Solar.R       0.05027    0.02342   2.147  0.03411 *
Wind         -3.31844    0.64451  -5.149 1.23e-06 ***
Temp          1.89579    0.27389   6.922 3.66e-10 ***
Month        -3.03996    1.51346  -2.009  0.04714 *
Day           0.27388    0.22967   1.192  0.23576
---
Signif. codes:  0 '***' 0.001 '**' 0.01 '*' 0.05 '.' 0.1 ' ' 1

Residual standard error: 20.86 on 105 degrees of freedom
  (42 observations deleted due to missingness)
Multiple R-squared: 0.6249, Adjusted R-squared: 0.6071
F-statistic: 34.99 on 5 and 105 DF,  p-value: < 2.2e-16
```

モデル式の Solar.R + Wind + Temp + Month + Day の部分で + 記号を使って，複数の説明変数を並べて指定していることに注意してください．こ

の結果は Ozone を目的変数 Y とすると，重回帰式が $Y = -64.12 + 0.05X_1 - 3.32X_2 + 1.9X_3 - 3.04X_4 + 0.27X_5$ で表現されることを意味します．また出力の表の右列に Pr(>|t|) という項目があります．これは各変数について，係数が帰無仮説のもとで得られる確率を表しています．帰無仮説は「係数は 0 と同じである」です．係数が 0 の場合，これと掛け合わせる変数は結局 0 になりますから，変数としては意味がないことになります．

この結果，五つ目の変数 X_5 (DAY) とその係数 0.27 は説明変数として妥当ではありません．なぜなら「係数が 0 である」という帰無仮説の統計量 t value が 1.192 となり確率 p が 0.24 と 0.05 よりも大きくなるため，帰無仮説が保留されるからです．すなわち DAY は説明変数にはなりません．そこで X_5 を省いた次の重回帰モデルが妥当とみなされます．

$$Y = -64.12 + 0.05X_1 - 3.32X_2 + 1.9X_3 - 3.04X_4$$

説明変数として何を選ぶかは重要です．まず，そもそも目的変数と明らかに関係のないような説明変数を追加しても仕方ありません．ここでオゾン濃度を説明する変数として，ニューヨークの人種割合を変数として追加することが適切とは思われません．

また説明変数間に相関がある場合も問題です．たとえば前章の最後で，年収と血圧には相関があると述べました．これは年収と年齢に相関があり，そして年齢と血圧に相関があるため，結局，年齢を媒介として年収と血圧に相関があるのでした．この場合，年収の大きさを説明しているのは年齢であって，血圧ではありません．したがってデータを説明する変数として，年齢と年収の両方を組み込むのは妥当ではありません．

実は重回帰分析では，説明変数が増えれば増えるほど，モデルの適合度そのものは改善します．前章の最後に紹介した単回帰モデルでは，停止距離を目的変数として，これをスピードで説明するモデルを紹介しました．ここで説明変数を追加して，重回帰モデルを構築してみます．とはいえ，単に速度 (speed) を自乗した値を speed2 として追加します．

```
> cars$speed2 <- cars$speed^2
> cars$dist <- cars$dist * 0.3
> head (cars) # 冒頭の 6 行を表示
```

```
  speed dist speed2
1     4 0.18     16
2     4 0.90     16
3     7 0.36     49
4     7 1.98     49
5     8 1.44     64
6     9 0.90     81
```

単純に自乗した値ですから，speed と speed2 は相関しています．

```
> cor (cars)
           speed      dist    speed2
speed  1.0000000 0.8068949 0.9794765
dist   0.8068949 1.0000000 0.8160295
speed2 0.9794765 0.8160295 1.0000000
```

改めて重回帰分析を実行してみます．

```
> cars.lm2 <- lm (dist ~ speed + speed2, data = cars)
> summary (cars.lm2)

Call:
lm(formula = dist ~ speed + speed2, data = cars)

Residuals:
    Min      1Q  Median      3Q     Max
-2.5848 -0.8266 -0.2869  0.4165  4.0637

Coefficients:
             Estimate Std. Error t value Pr(>|t|)
(Intercept) 0.222312   1.333545   0.167    0.868
speed       0.082196   0.183080   0.449    0.656
speed2      0.008996   0.005937   1.515    0.136

Residual standard error: 1.366 on 47 degrees of freedom
Multiple R-squared: 0.6673, Adjusted R-squared: 0.6532
F-statistic: 47.14 on 2 and 47 DF,  p-value: 5.852e-12
```

前章の単回帰分析では，モデルのよさを測る指標として決定係数（および調整済み決定係数）が 1 に近いかどうかを判定の基準としました．単回帰では以下の結果が得られています（223 ページ）．

```
Multiple R-squared: 0.6511,Adjusted R-squared: 0.6438
```

　前回と比べると，今回の重回帰分析では，決定係数はわずかですが改善しています．しかしながら係数の検定結果(Pr(>|t|))をみると，いずれも0.05を超えています．つまり「係数は0である」とする帰無仮説を棄却できません．すなわち求められた係数に意味はありませんので，このモデルは適切とはいえません．このように説明変数の間に高い相関がある場合，モデルとしての妥当性は揺るぎます．ところが決定係数そのものは，説明変数の数が増えると単純に改善してしまうのです．

　説明変数の選択にあたっては，それぞれに強い相関がないかどうかをcor()関数を使ってあらかじめチェックしておくべきです．

　さて相関が高くなるのを避けて説明変数を選んだとしても，すべての説明変数が目的変数に関わっているとは限りません．統計モデルとしては，目的変数の変動に影響力のある変数だけを選ぶべきです．

　説明変数の候補は，分析の目的や方法によって異なってきます．しかし候補となった説明変数のすべてが実際に目的変数に効果を与えているかどうかはわかりません．そこで効果のある説明変数を選択するという作業が必要になります．

　有効な説明変数を選択する基準に**AIC**（赤池情報量基準）があります．上で簡単に説明したように，重回帰分析では説明変数の数を増やすと，それだけであてはめが改善してしまいます．AICは変数の数を増やすことを一種のペナルティーとして科す手法です．簡単にいえば，あてはめ具合が近いモデルを比較する場合，変数の少ない方が選択されます．AIC計算の詳細は省略しますが，この値が小さいほど，適切なモデルとされます．Rでは，**stats**パッケージのstep()関数か**MASS**パッケージのsteAIC()関数に，モデルを表すオブジェクトを指定することで実行できます（**MASS**パッケージと**stats**パッケージはRに始めから同封されています）．

　説明変数を取捨選択することを**モデル選択**といいます．モデル選択には最初にすべて変数を投入し，AICを判断基準として，説明変数を減らしていく方法と，その逆に説明変数をゼロから追加していく方法，さらには両方を折衷した方法の三通りがあります．上の実行例では統計量t valueの大きさ

8.1 多変量データを扱う

を分析者が判断して，Day 変数を外してみましたが，この判断を R に任せて，自動的にモデル選択を行なうこともできます．

```
> Ozone.step1 <- step(Ozone.lm)
Start:  AIC=680.21
Ozone ~ Solar.R + Wind + Temp + Month + Day

          Df Sum of Sq   RSS    AIC
- Day      1     618.7 46302 679.71
<none>                 45683 680.21
- Month    1    1755.3 47438 682.40
- Solar.R  1    2005.1 47688 682.98
- Wind     1   11533.9 57217 703.20
- Temp     1   20845.0 66528 719.94

Step:  AIC=679.71
Ozone ~ Solar.R + Wind + Temp + Month

          Df Sum of Sq   RSS    AIC
<none>                 46302 679.71
- Month    1    1701.2 48003 681.71
- Solar.R  1    1952.6 48254 682.29
- Wind     1   11520.5 57822 702.37
- Temp     1   20419.5 66721 718.26
```

R の step 関数は，デフォルトでは変数を一つ一つ削除していき，最終的にはモデルとして意味ある変数のみを残します．出力では，左にマイナス記号 (-) がありますが，これはマイナス記号の右の説明変数を，引数として与えたモデルから削除した場合の統計量を意味しています．たとえば Day を削除したモデルである Ozone ~ Solar.R + Wind + Temp + Month は，AIC が 679.71 となります．Day を削除したモデルは，もとのモデルから何も削除していない場合 (<none> で表されています) の 680.21 よりも小さくなりますので，より適切なモデルと判断されます．逆に，それ以外の変数を除いたモデルは AIC が増えてしまいますので，これらの変数を削除するのは適切ではないと判断されます．出力の最後には，最終的に選ばれたモデルが表示されます．この分析例では出力も比較的単純でしたが，もう少し複雑なモデルに適用すると，R は多数の試行錯誤を行うのでコンソールが多数の出力で埋め尽くされることがあります．

234　第8章　高度な解析手法

　MASS パッケージの stepAIC() 関数を使ってモデル選択を行った例もあげておきましょう．前章の分散分析の項で，交互作用について述べました．ここでは，最初にsuppだけを要因とした分散分析モデルを構築し，これをstepAIC() 関数で更新してみます．

　MASS パッケージは最初に library() 関数を使うか，「Packages」タブでチェックを入れてロードする必要があります．stepAIC() 関数の第1引数には最初に構築した分散分析モデルを指定しますが，さらにやや複雑な指定を追加しています．scope 引数に探索するモデルの最大設定と最小設定を指定します．リストの最初の要素であるupperには最大のモデルとして，二つの変数とその交互作用を意味するsupp*doseを指定します．lowerには最小のモデルを指定しますが，~1 は切片だけを指定することを表しています．これはすなわち要因ごとの効果など無視して，全体平均だけを指定するモデルです．すなわち説明変数は一つもありません．direction = "both" 引数は，指定された最大モデルから最小モデルの間で，変数を増やしたり減らしたりして最適なモデルを探索するための指定です．これは引数のデフォルトの指定です．この他，指定されたモデルから変数を減らしていく方法("backward")，あるいは増やしていく方法("forward")のいずれかを指定することもできます．

```
> TG.aov2 <- aov(len ~ supp, data = ToothGrowth)
> summary (TG.aov2)
            Df Sum Sq Mean Sq F value  Pr(>F)
supp         1    205  205.35   3.668  0.0604 .
Residuals   58   3247   55.98
---
Signif. codes:  0 '***' 0.001 '**' 0.01 '*' 0.05 '.' 0.1 ' ' 1
> library(MASS) # MASSパッケージをロード
> TG.step <- stepAIC (TG.aov2,
+             scope = list (upper = ~ supp*dose, lower = ~1))
Start:  AIC=243.47
len ~ supp

        Df Sum of Sq     RSS    AIC
+ dose   1   2224.30  1022.6 176.14
<none>                3246.9 243.47
- supp   1    205.35  3452.2 245.15
```

```
Step:  AIC=176.14
len ~ supp + dose

            Df Sum of Sq    RSS    AIC
+ supp:dose  1     88.92  933.6 172.68
<none>                    1022.6 176.14
- supp       1    205.35 1227.9 185.12
- dose       1   2224.30 3246.9 243.47

Step:  AIC=172.68
len ~ supp + dose + supp:dose

            Df Sum of Sq    RSS    AIC
<none>                    933.63 172.68
- supp:dose  1     88.92 1022.56 176.14
>
> summary (TG.step)
            Df Sum Sq Mean Sq F value   Pr(>F)
supp         1  205.4   205.4  12.317 0.000894 ***
dose         1 2224.3  2224.3 133.415  < 2e-16 ***
supp:dose    1   88.9    88.9   5.333 0.024631 *
Residuals   56  933.6    16.7
---
Signif. codes:  0 '***' 0.001 '**' 0.01 '*' 0.05 '.' 0.1 ' ' 1
```

出力をみると，suppだけのモデルでAICが243.47であり，これに+doseを追加することでAICは176.14と改善され，続いて交互作用supp:doseを組み込んだモデルでは，さらにAICは172.68になっています．最終的な結果を代入したオブジェクトTG.stepにsummary()関数を適用すると，交互作用を組み込んだモデルが最適なモデルとして判断されており，前章の分散分析で交互作用を組み込んだことの妥当性を示しています．

8.1.2 主成分分析

重回帰分析は目的変数があり，これを別の変数で説明する分析モデルでした．一方，ある個体について複数の変数が観測されており，これらの変数から特徴を抽出しようとする分析モデルがあります．この特徴を目的変数と考えてもよいわけですが，ただし目的変数そのものは観測されていません．た

とえば，あるクラスで英語，国語，物理，数学の試験を実施し，これらの得点からそのクラスの文系能力，理系能力を知りたいとします．単純に文系の科目の合計点，理系科目の合計点と分けて考えるという発想もあるかもしれません．しかし，たとえば数学の問題でも，設問を読み解く能力が必要でしょう．これは言語に関わる能力であり，その意味では国語と共通の能力が要求されるのかもしれません．逆に国語で論理的な思考力が要求されることもあるでしょう．これは数学を解く能力と共通なはずです．そこで，四科目の試験結果を全体として利用して，文系能力，理系能力を抽出したいと考える方がよいのではないでしょうか．

このような場合，多数の変数の情報を圧縮した新しい変数を作成するという手法がとられます．これを次元圧縮といい，その代表的な手法が**主成分分析**です．

ここで表 8.1 のデータがあったとしましょう．なお，これは説明のために作成した人為的なデータです．

表 **8.1** 科目別試験結果

名前	国語	数学	英語	物理
A	98	71	96	70
B	89	77	78	41
C	68	29	57	20
D	90	78	75	53
E	71	32	62	25
F	59	29	50	21
G	99	82	89	71
H	64	32	48	21
I	68	82	42	75
J	77	35	69	22
K	79	98	68	88
L	94	43	87	33

四科目の試験結果がありますが，これを文系の能力と理系の能力に要約してみたいと思います．原理の説明は後回しにして，まず実行してみます．

上記のデータを csv 形式で保存したファイル "chap08a.csv" を利用します．ファイルはサポートサイトからダウンロードして下さい（Mac を利用している方は mac フォルダ内のファイルを利用して下さい）．これを 194 ページで

8.1 多変量データを扱う

説明した方法で読み込みます。あるいは R の read.csv() 関数で直接読み込んでも構いません。

主成分分析を実行するには prcomp() 関数を使います。ただし、このデータの場合、オブジェクトの 1 列目は文字列ですが、これは計算対象となりません。そこで [, -1] という添字指定で 1 列目を対象から除外します。また引数の scale はデータの標準化を指定していますが、これについては後述します。

prcomp() 関数の出力を biplot() 関数への引数とすると図 8.1 のプロットが描かれます。ここでは生徒名（データでは単純なアルファベット）をラベルとして使うよう指定しています。すなわち xlabs 引数に、myData データの 1 列目を渡しています。結局、以下のコードを実行します。

```
> #myData <- read.csv ("script/chap08a.csv")
> head (myData)
  名前 国語 数学 英語 物理
1   A   98   71   96   70
2   B   89   77   78   41
3   C   68   29   57   20
4   D   90   78   75   53
5   E   71   32   62   25
6   F   59   29   50   21
> data.prn <- prcomp (myData [,-1], scale = TRUE)
> biplot (data.prn, xlabs = myData[, 1] )
```

図 8.1 には二つ情報があります。このようなプロットを特にバイプロットと呼びます。アルファベット大文字は、個々の生徒の位置を表しています。一方、赤い矢印で科目名が表示されています。結果をみると左半分には成績が全体として良好な生徒の番号が、右には成績のあまりよくない生徒の番号が並んでいます。また矢印は、理系科目が上方向に文系科目は下方向を向いています。また左で上半分にプロットされているのは I, K、下半分には A, B, D, G が並んでいますが、これらの生徒だけを抽出すると次の表になります。

238　第 8 章　高度な解析手法

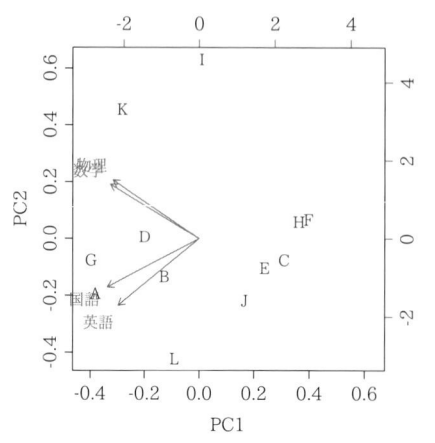

図 8.1　成績データの主成分分析

	国語	数学	英語	物理
A	98	71	96	70
B	89	77	78	41
D	90	78	75	53
G	99	82	89	71
I	68	82	42	75
K	79	98	68	88

　A, B, D, G の 4 人は文系科目が優れています．一方，I, K の二人は理系科目が得意のようですが，このうち I は文系科目の得点が悪く，そのため国語と英語の赤い矢印とは逆の方向にプロットされているようです．

　また散布図なので横軸と縦軸があるわけですが，それぞれがデータのある側面を表現していると解釈されることがあります．このプロットの場合，横軸 x は総合能力を分け，縦軸 y は理系と文系を分けると考えられます．

　ところで x 軸と y 軸の数値は何でしょうか．もとデータには四つの変数がありますが，このうち二つだけを取り出して片方を x 軸と y 軸としたわけではありません．

　実は x 軸と y 軸それぞれの目盛の数値は，四種類の試験結果を統合した人工的な数値です．別の言い方をすると四種類の情報（次元）を 2 次元に圧縮した数値です．このような方法を次元圧縮といい，主成分分析はその代表的

な解析手法です．

次元圧縮の原理を簡単に説明します．データに X_1, X_2, X_3, X_4 という四つの変数があったとします．この変数を使って次の式をたてます．

$$z_1 = a_{11}X_1 + a_{12}X_2 + a_{13}X_3 + a_{14}X_4$$

$$z_2 = a_{21}X_1 + a_{22}X_2 + a_{23}X_3 + a_{24}X_4$$

$$z_3 = a_{31}X_1 + a_{32}X_2 + a_{33}X_3 + a_{34}X_4$$

$$z_4 = a_{41}X_1 + a_{42}X_2 + a_{43}X_3 + a_{44}X_4$$

要するに四つの変数を組み合わせた新しい合成変数 z_i ($i = 1, \ldots, 4$) を作成しているわけです．主成分分析では，もとデータの変数と同じ数の変数を合成することができます．この合成変数のことを**主成分**と呼びます．ただし通常は，二つないし三つの変数だけを利用します．これらの合成変数は，もとデータそのものではありませんが，もとデータの情報を反映していると考えられます．このような次元圧縮では，もとデータの情報量全体を個々の合成変数に分割して割り振ります．また最初の合成変数が再現している情報と，二つ目の合成変数が再現している情報は重複しないように構成されます．この際，最初の合成変数にもっとも多くの情報が割り振られ，以下，順に情報量が割り振られていきます．

各合成変数がもとのデータの情報量を反映している割合を**寄与率**といいます．寄与率はデータにもよりますが，たとえば最初の合成変数 z_1 の寄与率が 50% で，次の合成変数 z_2 の寄与率が 30% の場合，この二つだけでもとデータの情報量の 8 割を表現していることになります．もとデータ全体を反映しているわけではありませんが，この二つの合成変数を使えば，x 軸と y 軸の 2 次元しかない散布図で，データの情報をグラフィカルに表現することができます．もとデータの場合，変数が四つでしたのでそのままでは散布図にはできません．しかし合成変数を利用することで，もとの情報量をほぼそのまま残して散布図として表現できるわけです．それが図 8.1 です．

さて合成変数はもとデータの分散を分解することで構成されます．分散は個々のデータが平均からどれだけ離れているかの指標ですが，このばらつき具合がもとデータの情報を表現していると考えます．そこで合成変数の分散

S_z^2 と，もとデータの分散共分散行列 S_X^2 が，係数 a によって対応するように式が構成されます．

単純な例として，変数が二つ X_1, X_2 のデータについて式を示します．主成分 z_i は以下の式で表現されます．

$$z_i = a_{i1} X_1 + a_{i2} X_2$$

X_2 はデータの 2 番目の変数という意味です．ここで合成変数 z_i の分散（情報）S_z^2 を最大化することを考えます．直感的に言うと，もとデータの情報をできるだけ取り込むことを目指します．

詳細は省略しますが，合成変数の分散は，もとの変数の分散 $S_{X_1}^2, S_{X_2}^2$ および共分散 S_{X_i, X_2}^2 を使うと，次のように表現されます．

$$S_z^2 = a_1^2 S_{X_1}^2 + a_1 a_2 S_{X_i, X_2} + a_2^2 S_{X_2}^2$$

合成変数 z の分散は係数 a_j に制約を課さないと，いくらでも大きくすることできます．そこで $\sum_j a^2 = 1$ という条件を付けて S_z^2 を最大化します．ここで次のような式が導かれます．

$$S_X^2 \mathbf{a} = \lambda \mathbf{a}$$

ここで S_X^2 はもとデータ X_1, X_2 の共分散行列です．また $\mathbf{a}$ は係数を並べた表記で，ベクトルといいます．上の例ですと $a_{i,1}, a_{i,2}$ の二つに対応します．λ は**固有値**といいます．固有値は変数の数だけ求めることができます．これを解く問題を固有値問題といいます．また係数は**固有ベクトル**といいます．

また式の左辺と右辺と比べると，λ がもとデータの共分散行列に対応していることがわかると思います．

ただし実際にはもとデータそのままではなく，これを標準化してから主成分分析にかけることが多いです．上の計算原理では，データの分散の大きさが計算において重要になります．そのため変数それぞれの単位が異なると，単位の大きい変数に引っ張られることになります．たとえばある科目は 100 点満点で，別の科目は 10 点満点の場合，後者のほうが分散が小さくなり，主成分が小さく見積もられてしまいます．そこで変数を標準化することが行わ

8.1 多変量データを扱う

れます．標準化することで，各変数は平均が 0 で標準偏差は 1 に統一されます．このように標準化された変数間の共分散は相関係数に等しくなります．上の実行式で prcomp() 関数に引数 scale を指定しているのはデータを標準化することを意味しています．

話が難しくなりましたが，固有値問題は，R では eigen() 関数で解くことができますが，そのような手間を省き，もとデータを指定して主成分分析を行うには上で示したように prcomp() 関数を使います．ここで prcomp() 関数の出力から，固有値と固有ベクトルを取り出して，eigen() 関数の出力と一致するかどうかを確認してみましょう．

```
> # 固有値分解を実行
> (data.eig <- eigen (cor ( myData [,-1])))
$values
[1] 2.80503897 1.12705298 0.05174465 0.01616340

$vectors
           [,1]        [,2]        [,3]        [,4]
[1,] -0.5285072 -0.4226055  0.4257119  0.6007113
[2,] -0.5099834  0.4730953  0.5263832 -0.4888952
[3,] -0.4649265 -0.5809128 -0.4147975 -0.5237620
[4,] -0.4944091  0.5100252 -0.6079746  0.3546841
```

eigen() 関数の出力で values が固有値，vectors が固有ベクトルに対応します．

次に prcomp() 関数の出力から固有値と固有ベクトルを抽出してみます．

```
> data.prn
Standard deviations:
[1] 1.6748251 1.0616275 0.2274745 0.1271354

Rotation:
            PC1        PC2        PC3        PC4
国語 -0.5285072 -0.4226055  0.4257119 -0.6007113
数学 -0.5099834  0.4730953  0.5263832  0.4888952
英語 -0.4649265 -0.5809128 -0.4147975  0.5237620
物理 -0.4944091  0.5100252 -0.6079746 -0.3546841
> data.prn$sdev^2
[1] 2.80503897 1.12705298 0.05174465 0.01616340
```

prcomp() 関数の出力ではsdevが主成分の標準偏差に対応しており，これを自乗すると固有値に一致します．ちなみに固有値の合計は変数の数と一致します．一方，固有ベクトルはRotationとして表現されています．見比べると一致していることがわかります．（ただし符号は異なることがあります．主成分分析では相対的な関係が重要であり，数値の正負は問題とはなりません．）

またprcomp() 関数の出力にsummary() 関数を適用すると，以下のような表示が得られます．

```
> summary (data.prn)
Importance of components:
                          PC1    PC2    PC3     PC4
Standard deviation     1.6748 1.0616 0.22747 0.12714
Proportion of Variance 0.7013 0.2818 0.01294 0.00404
Cumulative Proportion  0.7013 0.9830 0.99596 1.00000
```

これは合成変数がどれだけもとデータの情報を再現しているかを表す指標です．Proportion of Variance はデータ全体の分散（標準偏差）のうち，各合成変数 (PC) が何割を再現しているかを意味します．Cumulative Proportion はその累積です．この場合，PC1 と PC2 がそれぞれ，70% と 28% を再現しており，この二つの合成変数で，もとデータの情報のうち98% を再現していることになります．なお主成分そのものはprcomp() 関数の出力（これはリストです）のx要素に含まれています．

次にプロットの方を確認してみましょう．散布図上でAからLで表された生徒がプロットされていますが，それぞれのx軸上の目盛とy軸上の目盛はどのように計算されているのでしょうか．

まず個体（生徒）のプロットは**主成分得点**にもとづきます．ただし実際にプロットを行うbiplot() 関数では，主成分得点と後述する主成分負荷量の二つの情報を同一の散布図上に表現するため，それぞれの数値を調整しています．主成分得点の場合，主成分の標準偏差で調整した以下の値がプロットされます．

```
> t (t (data.prn$x) / (data.prn$sdev * sqrt (nrow (data.prn$x))))
              PC1         PC2          PC3         PC4
 [1,] -0.382143110 -0.193329137 -0.514943122 -0.06618491
```

```
[2,] -0.128040210 -0.133563447  0.467515762  0.33014429
[3,]  0.308449379 -0.075815332 -0.058948869 -0.04022005
[4,] -0.199163790  0.007108053  0.517985084  0.12087792
[5,]  0.238427409 -0.103561830 -0.169437999 -0.01938639
 …以下略
```

プロットの下の座標は PC1 列の得点に対応し，プロット左の目盛は，PC2 列の得点に対応しています．

一方，それぞれの科目の影響力を示す値として**主成分負荷量**とよばれる数値がプロットされます．こちらも実際には，固有ベクトルに主成分の標準偏差（固有値の平方根）を乗じた値がプロットされています．

```
> t (t (data.prn$rotation[, 1:2]) * (data.prn$sdev *
+        sqrt (nrow( data.prn$x) )))
            PC1        PC2
国語 -3.0662743 -1.5541678
数学 -0.4018643  0.2083558
英語 -2.6973941 -2.1363567
物理 -0.3895918  0.2246201
```

プロットの上と右の座標は，それぞれ PC1 と PC2 の負荷量に対応しています．

これらの座標は，prcomp() 関数ではなく，プロットを作成する biplot() 関数が計算して描画します．biplot() 関数の処理については，以下を実行するとコンソールにコードが表示されるので，興味のある方はチェックしてみて下さい．

```
> getS3method("biplot", "prcomp")
```

8.1.3 因子分析

因子分析は，イメージとしては主成分分析によく似ています．主成分分析ではもとデータから新たに合成変数を算出して，もとデータを要約する方法でした．因子分析では，もとデータに含まれている変数に影響を与えている因子があり，これをデータから推定しようとします．たとえば先ほどのテスト結果データでは，各生徒の理系的な能力 f_1 と文系的な能力 f_2 のような因子を想定します．そして現実の試験結果は，この二つの因子が作用している

と考えます.

たとえば A さんの国語の点は 98 点でしたが,これは次のように分解します.

$$\text{A さんの国語の点 98} = a_{国,1}f_{A,1} + a_{国,2}f_{A,2} + \epsilon$$

$f_{A,1}$ は A さんの理系的能力で $f_{A,2}$ は文系的能力です.国語という文系科目の試験結果ですが,理系的な能力(たとえば論理力)も結果に影響しているのだと考えられます.一方 $a_{国,1}$ と $a_{国,2}$ は,前者は国語と理系因子の関連の強さ,後者は国語と文系因子の関連の強さを意味します.これらを**因子負荷量**といいます.上の式では因子負荷量は $f_{A,1}$ や $f_{A,2}$ との掛け算になっています.A さんの理系的能力 ($f_{A,1}$) と文系的能力 ($f_{A,2}$) は**因子得点**と呼びます.

つまり $a_{国,1}$ の大きさによって A さんの理系的能力 $f_{A,1}$ がどれだけ発揮されるか変わってくるわけです.もしも $a_{国,1} = 0$ であれば A さんの理系的能力 $f_{A,1}$ は国語の試験にはまったく発揮されていないことになります(国語の試験には理系的能力は関係ない).逆に $a_{国,1} = 0.9$ であれば A さんの理系的能力 $f_{A,1}$ は,すべてが発現しているわけではないにせよ,国語の成績にかなり影響していると考えられます.また $a_{国,1} = 0.1$ であれば A さんの理系的能力 $f_{A,1}$ と国語の成績は,まったく無関係ではないにせよ,さほど重要ではないということになるでしょう.

右辺の最後の ϵ は誤差です.理系と国語それぞれの効果に加えて,体調などの偶然性が試験結果には含まれていると考えて下さい.

一方,B さんの数学の試験結果 77 点の場合は次のような式で表現されます.

$$\text{B さんの数学の点 77} = a_{数,1}f_{B,1} + a_{数,2}f_{B,2} + \epsilon$$

これは数学と理系能力の関連性 $a_{数,1}$ と B さんの数学因子得点 $f_{B,1}$ を乗じた値と,数学と文系的能力の関連性 $a_{数,2}$ と B さんの文系因子得点 $f_{B,2}$ を乗じた値を足しあわせた結果になっています.

この式を生徒の数だけ用意しても構いませんが,数学では次のように表現することも可能です.

$$X_{i,j} = a_{i,1}f_{j,1} + a_{i,2}f_{j,2} + \epsilon$$

これは j さんの科目 i の試験結果を,因子得点や因子負荷量,そして誤差で

8.1 多変量データを扱う

表した式です.いまの問題では,因子は二つだけと想定していますので,因子数の添字である 1 と 2 をそのまま使っていますが,3 因子以上の場合にも対応できるよう(たとえば家庭環境などを因子として追加することを考え),あえて変数 k を加えて数式を書き換えると,以下のようになるでしょう.

$$X_{i,j} = \sum_{k=1}^{N} a_{i,k} f_{j,k} + \epsilon$$

因子を k で表し,これが N 個あるとして $\sum$ で足し合わせるわけです.たとえば因子が理系能力と文系能力の二つだけならば $N = 2$ です.

数式ばかりで,頭が混乱してきたかもしれません.因子分析の目的は,観測されたデータに影響を及ぼしている因子があると仮定し,その因子を探すことでした.もっとも探すといっても,実際には仮説として因子が想定され,その因子の効果の程度を測るのが目的です.因子の効果は,各個人に想定される能力 f(因子得点)と,その能力が発揮される度合い a(因子負荷量)で決定されると考えるわけです.

そこで,この因子負荷量 a や因子得点 f を計算しなければならないわけです.この計算にも,先の主成分分析と同じように固有値分解(あるいは類似の計算方法である特異値分解)が利用されますが,この辺りで R を操作してみましょう.

```
> myData <- read.csv ("script/chap08b.csv")
> head (myData)
  名前 国語 数学 英語 物理 社会
1    A   98   71   96   70   96
2    B   89   67   78   41   89
3    C   68   29   57   20   70
4    D   90   78   75   53   95
5    E   71   32   62   25   77
6    F   59   29   50   21   58
>
> myFac <- factanal (myData [, -1], factors = 2,
+                   scores = "regression", rotation = "none")
```

始めにファイル chap08b.csv を読み込んで,データフレームとします.このデータには新たに「社会」のテスト結果が追加されています.

R では因子分析を `factanal()` 関数で行います.主成分分析の場合と同様,

データフレームの1列目はカテゴリカルデータなので,解析では省いています.他にいくつか引数を指定しています.factors は仮定する因子数,scores は因子得点を求める手法,rotation は回転の有無です.回転については後で説明します.factanal() 関数のデフォルトは "none" となっており,因子得点を求めません.ここでは "regression" を指定し,回帰法（トンプソン法）で計算しています.他には "Bartlett" という方法もありますが,本書では利用しません.なお R の引数指定では,略語が使える場合があります.たとえば factanal() 関数では scores = "regression" としても,scor = "reg" としても実行することができます.

実行結果を代入したオブジェクトをコンソールに入力して Enter キーを押すと,分析結果が表示されます.

```
> myFac

Call:
factanal(x = myData[, -1], factors = 2, scores = "regression", 
                                         rotation = "none")

Uniquenesses:
  国語   数学   英語   物理   社会
 0.005  0.067  0.066  0.005  0.057

Loadings:
     Factor1 Factor2
国語  0.882   0.465
数学  0.850  -0.459
英語  0.768   0.586
物理  0.833  -0.548
社会  0.696   0.677

               Factor1 Factor2
SS loadings      3.270   1.530
Proportion Var   0.654   0.306
Cumulative Var   0.654   0.960

Test of the hypothesis that 2 factors are sufficient.
The chi square statistic is 3.45 on 1 degree of freedom.
The p-value is 0.0634
```

最初の Call はオブジェクトを生成したコードです．続く Uniquenesses: は**独自性**と呼ばれます．これはデータの情報のうち，因子によって説明されていない割合をいいます．1 から独自性を引いた値は**共通性**といいます．共通性は，それぞれの科目のうち因子によって説明されている割合です．なお，この説明から類推がつくかもしれませんが，データ全体の情報量は 5 です．これは科目の数と一致します．すなわち因子分析ではデータの情報量は変数の数に対応しています．

これをみると，因子 1 (Factor1) の列に大きな差はないようですが，因子 2 (Factor2) が正負に分かれています．いわゆる文系科目が正，理系科目が負になっています．したがって因子 2 は文系と理系の能力に対応しているようです．

次の Loadings: は因子負荷量 a に対応します．実は各科目の因子を自乗して合計した値が共通性になります．国語であれば次のように求められます（Uniquenesses: の出力では小数点 4 位で丸めが行われています）．

```
> # 独自性は，因子負荷量の自乗を 1 から引いた値に相当
> 1 - sum (myFac$loadings [1, ]^2)
[1] 0.004872282
```

国語の因子負荷量は 1 行目にある二つの数値です．そこで，それぞれを自乗して合算して 1 から引くわけです．5 科目すべての独自性を求めるのであれば，添字の 1 を 2, 3, 4, 5 と変えて 5 回実行すればいいことになります．しかし以下のように apply() 関数を使えば，一度に求めることができて便利です．

```
> apply (myFac$loadings, 1, function(x){1 - sum (x^2)})
      国語        数学        英語        物理        社会
0.004872282 0.067041358 0.065958509 0.004993326 0.057040955
```

apply() 関数は，第 1 引数で指定したオブジェクトの行ごとに指定された関数を適用します．ここでは関数を apply() 関数内で定義しています．このような関数を**無名関数**といいます．

一方，個人ごとの因子得点は以下のように算出されています．1 列目を省いたデータフレームを引数として渡しましたので，個人ラベル（アルファ

ベット大文字)は表示されませんが,行並びは対応しています.

```
> myFac $ scores
        Factor1    Factor2
 [1,]   1.3545830  0.3205434
 [2,]   0.3475808  0.7510356
 [3,]  -1.0562223  0.2079645
 [4,]   0.6587761  0.3791255
 [5,]  -0.8027496  0.2576863
 …以下略
```

　先ほどの因子負荷量の場合,因子が二つで変数は五つでしたので,比較はそれほど難しくありませんでした.しかし因子得点の方は,12名程度のデータではありますが,数値を読み解くのは面倒です.そこでプロットしてみます.主成分分析の場合と同様,因子負荷量と因子得点の両方を同時にプロットします.ここでもbiplot()関数を使います.

```
> biplot (myFac$scores, myFac$loadings, xlabs = myData[, 1])
```

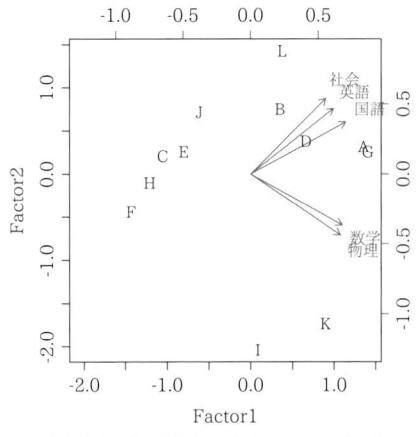

図 8.2　因子分析の結果にもとづくバイプロット

　図8.2の横軸が因子1を表し,縦軸が因子2を表しています.赤い矢印で科目が表示されていますが,これはそれぞれの因子負荷量で,上と右の目盛が負荷量の大きさを表しています.

8.1 多変量データを扱う 249

　一方，黒いラベルでアルファベット大文字がプロットされているのが，個人ごとの因子得点です．横軸（因子 1）で左右にわかれていますが，右に成績が良好な生徒，左に成績があまり芳しくない生徒が集まっていますので，この因子 1 は総合的学力と解釈することが可能でしょう．

　縦軸の因子 2 は，理系能力と文系能力に対応していると解釈できます．上向きの赤い矢印は，この方向が文系能力を，また下向きの矢印は理系能力に対応すると考えられます．

　因子得点ですが，こちらも右と左に分かれているだけでなく，上下に散らばっているのが確認できます．右端に表示されている A と G は，総合能力が高く，文系理系ともに試験結果は良好な生徒です．一方，上に位置する L は文系科目の点がかなり高いですが，理系科目は優れていません．そのため，数学と物理を表す矢印とは逆の方向に表示されています．下に位置する K は逆で，数学と物理の結果は優れていますが，文系科目はそれほど得意ではないようです．

　このように因子分析で求められた因子負荷量と因子得点をあわせて表示することで，想定した因子の効果を確認することができます．ここで，このプロットを回転させてみましょう．先ほど facatanal() 関数をもう一度実行しますが，この際 rotation 引数を指定します．この結果が図 8.3 です．

```
> myFac2 <- factanal (myData [ , -1], factors = 2,
+                    scores = "regression", rotation = "varimax")
> X11() # グラフィックスウィンドウを新規に開く
> biplot (myFac2$scores, myFac2$loadings, xlabs = myData[, 1] )
```

　因子分析では（実は主成分分析でも），座標系を回転させるということを行います．ここでは**直交回転**という方法を用いています．この方法では，先の図 8.2 が全体として回転させられるので，それぞれの点の相対的な位置関係は変わっていません．この回転方法を**バリマックス回転**といいます．バリマックス回転では，因子 1 と因子 2 が相関していないという仮定を置きます．いまの場合では，総合能力因子と，理系文系因子とは相関していないということになります．この他に**斜交回転**という方法もあります．facatanal() 関数では引数 rotation 引数を指定して，**プロマックス法**という斜交回転を実行することができます．

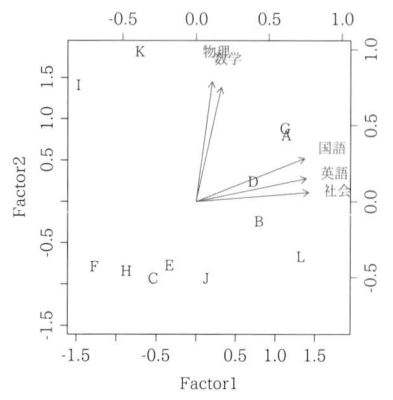

図 8.3 バリマックス法による回転を実行したバイプロット

　バリマックス法にせよプロマックス法でも，回転を行う目的は，因子の効果を強調するためです．あるいは因子を解釈するためです．回転を行うべきなのか，また回転手法は何がよいのかについては，多くの議論がありますが，絶対的な基準があるわけではありません．また facatanal() 関数で実行可能な回転手法は二つだけですが，**psych** パッケージを別に導入すれば，これ以外の回転手法を利用することができます．

8.1.4　対応分析

　ここまで重回帰分析，主成分分析，因子分析を紹介しましたが，そこで取り上げたデータはいずれも数値データでした．ところでデータが名義尺度を表す場合もありました．カテゴリカルデータです．そのようなデータについて，主成分分析や因子分析のように 2 次元にプロットして，被験者の回答パターンを確認する手法に**対応分析**（コレスポンデンス分析と表記されることも多いです）があります．カテゴリカルデータの場合，データは頻度ということになります．頻度データの分析を対応分析で行ってみましょう．

　R には HairEyeColor というデータがあります．これは海外のある大学で統計学受講生の髪と眼の色の対応を調べたデータです．

```
> HairEyeColor
, , Sex = Male
```

```
        Eye
Hair     Brown Blue Hazel Green
  Black     32   11    10     3
  Brown     53   50    25    15
  Red       10   10     7     7
  Blond      3   30     5     8

, , Sex = Female

        Eye
Hair     Brown Blue Hazel Green
  Black     36    9     5     2
  Brown     66   34    29    14
  Red       16    7     7     7
  Blond      4   64     5     8
```

HairEyeColorは配列と呼ばれる3次元のデータ構造で作成されています．髪と眼の色をそれぞれ因子とし，因子にはそれぞれ4種類の水準（色彩名）があり，対応する頻度（人数）がデータとなっています．これだけならば2次データ（表）に他なりませんが，さらに性別という因子が加わっています．そこで2次元の表が二枚ある配列になっています．

ここでは女性 (Female) の表だけを取り上げます．このデータには3次元目に "Sex" という名前が与えられており，その値が "Female" の場合を抽出して，オブジェクト x に代入します．

```
> (x <- HairEyeColor [ , , Sex = "Female"])
        Eye
Hair     Brown Blue Hazel Green
  Black     36    9     5     2
  Brown     66   34    29    14
  Red       16    7     7     7
  Blond      4   64     5     8
> xc <- corresp (x, nf = 2)
> biplot (xc)
```

さて，このデータで興味があるのは，髪の色と眼の色に対応があるかどうかです．これを調べるには6.2.1項で解説した独立性の検定が使えるわけです．ただ独立性の検定では，因子間に全体として関連があるかどうかは調べ

図 8.4 髪と眼の色の対応分析

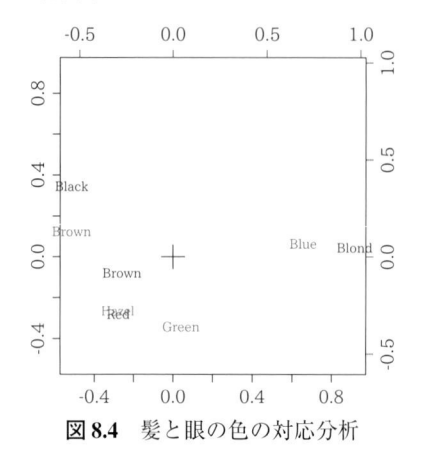

ることはできますが，ある因子のある水準が，別の因子のどの水準と関連性を持っているのかはわかりません．

このデータの場合，髪という因子と眼という因子の二つについて，それぞれの水準に特定の対応があるかを調べたいわけです．また，この対応をプロットして表現することができればわかりやすいです．

これを実現するのが対応分析です．対応分析は表形式のデータで，行（因子 1）の項目（水準）と列（因子 2）の項目に対応があれば，それを強調して表現する手法です．

まずは実際に分析し，結果をプロットしてみましょう．対応分析を実行する corresp() 関数は **MASS** パッケージに含まれていますので，最初にロードしておきます．**MASS** パッケージは R に標準でインストールされています．

```
> library (MASS)
> xc <- corresp (x, nf = 4)
> biplot (xc)
```

図 8.4 では原点（"+"記号の位置）から右に明るいカラー名，左に暗いカラー名が表示されており，また髪（行）は黒いフォント，眼（列）は赤いフォントで区別されています．プロットでは，ブロンドの髪 (Blond) と青い眼 (Blue) が並んでいます．これは，もとデータにおいてブロンドと青が対応していることを意味します．つまり，ブロンドの髪の女性は眼の色が青い傾向があり

ます.

髪と眼の色のデータに戻って，コードをみてみます．corresp (x, nf = 4) は，対応分析を行う関数にデータ x を指定しています．ここで引数 nf = 4 は合成変数（軸ともいいます）をいくつ求めるかを指定しています．デフォルトでは 1 個しか求めませんが，ここでは散布図を作成するために x 軸と y 軸の二つが必要です．さらには以下の手順で寄与率を求めるために，水準数と同じ 4 を指定しています．corresp() 関数では寄与率は直接は出力されませんが，寄与率を計算することはできます．オブジェクト xc の出力には cor という要素があります．

```
> xc$cor
[1] 5.499629e-01 1.806424e-01 7.541748e-02 1.065409e-16
```

これは**正準相関係数**と呼ばれる値で，合成変数間の相関を表します．また，この数値を自乗した値は固有値に等しいです．実は，次元圧縮の手法では背景で固有値分解という行列計算が利用されますが，その際求められるのが固有値です．この固有値の合計がもとデータの情報量を反映していますので，それぞれの合成変数の固有値の割合を求めることで寄与率がわかります．具体的には以下のコードで計算すればよいわけです．

```
> xc.eig <- xc$cor^2   # 正準相関係数の自乗は固有値
> xc.eig / sum (xc.eig) # 固有値それぞれの割合
[1] 8.875533e-01 9.575616e-02 1.669059e-02 3.330887e-32
> round (xc.eig / sum (xc.eig), 2) # 丸めて再表示
[1] 0.89 0.10 0.02 0.00
```

丸めを行っているので，全体の合計がぴったり 1 とはなりませんが，最初の合成変数だけで 9 割近くの情報を再現しており，二つ目の合成変数を含めると，もとデータをほぼ再現しているといえるでしょう．

ちなみに xc だけを実行すると以下のように表示されますが，行の水準と列の水準，それぞれに合成変数が求められていることがわかります．

```
> xc
First canonical correlation(s):
5.499629e-01 1.806424e-01 7.541748e-02 1.065409e-16
```

```
Hair scores:
           [,1]        [,2]        [,3] [,4]
Black -0.9401978  1.915496 -0.6827403    1
Brown -0.4727771 -0.441224  0.8778465    1
Red   -0.5051617 -1.550841 -2.1906990    1
Blond  1.6689924  0.257659 -0.1107862    1

Eye scores:
            [,1]         [,2]         [,3] [,4]
Brown -0.99048436  0.7284679 -0.2320540     1
Blue   1.25595677  0.3822680  0.1485188     1
Hazel -0.53769210 -1.5386650  1.7741885     1
Green  0.07722121 -1.9894528 -2.2655880     1
```

最初に表示されているのは正準相関係数ですが，その下にあるのは合成変数にもとづく行と列それぞれの効果を表す得点です．この数値から散布図を描くことで，データの情報を視覚的に確認できます．ただし行と列それぞれにx軸とy軸の得点があるため，本来はそれぞれ別個に散布図を作成するべきです．これを一つのプロットに重ねて描くのがbiplot()関数です．この関数は，異なる因子についての分析結果を同一のプロット上に重ねて描くための調整をしています．したがって上の数値と，バイプロット上の左右上下にある座標軸の数値は一致していません．理論的な説明は省略しますがbiplot()関数では内部で以下の計算をした結果をx軸とy軸として利用しています．

```
> (xc$X <-  xc$rscore[, 1L:2] %*% diag (xc$cor[1:2]))
            [,1]        [,2]
Black -0.5170739  0.34601969
Brown -0.2600099 -0.07970374
Red   -0.2778202 -0.28014765
Blond  0.9178840  0.04654412
> (xc$Y <- xc$cscore[, 1L:2] %*% diag (xc$cor[1:2]) )
             [,1]        [,2]
Brown -0.54472970  0.13159215
Blue   0.69072969  0.06905379
Hazel -0.29571073 -0.27794807
Green  0.04246881 -0.35937943
```

以上，やや複雑な説明をしましたが，対応分析は因子間の対応関係をバイ

プロットとして確認できるため，分析結果を直感的に理解できる手法として広く用いられています．

8.1.5 クラスター分析

クラスター分析は，似たもの同士をグループ（クラスター）に分ける手法です．クラスター分析には二つあります．**階層的手法**と**非階層的手法**です．階層的手法とは，類似する個体を個別にまとめてながら，グループに分けていく方法です．「階層的」という理由は，個々の個体がバラバラで分類されていない状態から，少数のグループを次々と形成また融合していき，最終的にはすべての個体を包括する大きなグループを形成していくことから呼ばれています．これに対して非階層的手法では，あらかじめ定めたグループ数に個体を割り振るという試行を繰り返し，最終的に類似する個体からなる複数のグループを形成します．ここでは階層的クラスター分析について説明します．

階層的クラスター分析では二つの手順が必要になります．まず各個体について互いの距離（あるいは非類似度）を測ります．次に求められた類似度にもとづいてグループ分けします．

距離を測る関数は`dist()`関数です．ただし計算方法にはいくつかあり，`method`引数に以下のいずれかを指定します．

"euclidean"	ユークリッド距離	差の自乗和の平方根
"maximum"	最大距離	差の最大の絶対値
"manhattan"	マンハッタン距離	差の絶対値の総和
"canberra"	キャンベラ距離	相対化されたマンハッタン距離
"binary"	バイナリ距離	2進法による異なりビット数の割合
"minkowski"	ミンコウスキー距離	一般化されたユークリッド距離

ここでは，明治期の二人の文豪のテキストから，ある指標を抽出して行列にまとめ，この数値をもとに書き手を機械的に分類できるか試してみましょう．101ページで取り上げた**RMeCab**パッケージを使いますので，16ページの手順でロードしておいて下さい．サポートサイトで公開しているデータセットに"writers"というフォルダがあります．これをRStudioのプロジェクトフォルダにコピーします．するとファイル・パネルでフォルダが確認でき

るようになります。ここには夏目漱石と森鷗外のテキストが入っています。ローマ字でファイル名を表していますが，以下の作品です[1]。

鷗外：雁　　　　　　　漱石：永日小品
鷗外：かのように　　　漱石：硝子戸の中
鷗外：鶏　　　　　　　漱石：思ひ出すことなど
鷗外：ヰタ・セクスアリス　漱石：夢十夜

ただし，各テキストの長さを揃えるため，テキストの後半部分を切り詰めている場合があります。

　ここではdocNgram()関数を使って，テキストごとに**バイグラム**(bigram)を抽出します。バイグラムとは連続する二つの文字のペアのことです。たとえば「トンネルを抜けるとそこは雪国だった」であれば，「ト-ン」，「ン-ネ」，「ネ-ル」，「ル-を」，「を-抜」，「抜-け」などという文字のペアがあります。こうしたペアをバイグラムと呼び，それぞれのペアがテキスト中に何回出現したかを頻度表にまとめます。一見，意味のなさそうな文字ペアですが，書き手の癖が現れていることがあり，書き手の判別に有効なことが知られています（村上＆金(2003)を参照）。まず"writers"フォルダにある8つのテキストそれぞれについてバイグラムの頻度を求めます。これはdocNgram()関数を使えばすぐに求められます。

```
> res <- docNgram ("writers", type = 0)
```

　resオブジェクトに解析結果が入っていますが，このオブジェクトは2万行をはるかに超える大きな行列です。コンソールにresと入力するとコンピュータがフリーズしかねません。そこでhead (res)あるいはtail (res)などとして一部を表示させ，どのようなバイグラムが求められているのかチェックしてみて下さい。

　ここではデフォルトのユークリッド距離を求めます。なおresオブジェクトは行に助詞と読点のペア，列に作品名がありますが，t()関数を使って転置し，行を作品名にします。

```
> (res.dist <- dist (t (res)))    # 作品ごとの距離を測る
```

---

[1] すべて青空文庫からダウンロードして，ルビなどを取り去っています。

8.1 多変量データを扱う 257

	ogai_gan.txt	ogai_kanoyoni.txt	ogai_niwatori.txt
ogai_kanoyoni.txt	386.5359		
ogai_niwatori.txt	409.5852	465.7574	
ogai_vita.txt	386.4829	477.0147	375.9242
soseki_eijitsu.txt	381.7486	469.3165	415.6104
soseki_garasu.txt	457.7619	544.8284	510.2215
soseki_omoidasu.txt	380.1355	494.6807	458.7123
soseki_yume.txt	419.7106	508.1309	455.6501

	ogai_vita.txt	soseki_eijitsu.txt	soseki_garasu.txt
ogai_kanoyoni.txt			
ogai_niwatori.txt			
ogai_vita.txt			
soseki_eijitsu.txt	404.2660		
soseki_garasu.txt	454.2852	396.1893	
soseki_omoidasu.txt	403.5170	349.0287	377.1485
soseki_yume.txt	444.1284	263.3154	381.8259

	soseki_omoidasu.txt
ogai_kanoyoni.txt	
ogai_niwatori.txt	
ogai_vita.txt	
soseki_eijitsu.txt	
soseki_garasu.txt	
soseki_omoidasu.txt	
soseki_yume.txt	390.0128

作品ごとに距離が求められています．値が小さければ「似ている」ことになります．

距離が求まりましたので，これをもとにグループ分け（クラスター化）を行います．これはhclust()関数を使いますが，クラスター化の手法にはいくつかオプションがあり，method引数に以下から選択して指定できます．

"single"	最短距離法	個体間の最小距離をとる
"complete"	最長距離砲	個体間の最大距離をとる
"average"	群平均法	個体間の距離の平均をとる
"mcquitty"	McQuitty法	クラスタ間の差の平均をとる
"median"	中央値法	重心の重み距離をとる
"centroid"	重心法	クラスター間の重心をとる
"ward"	ウォード法	クラスターの分散比を最大化する

ここでは分類精度が比較的良いとされる"ward"法でクラスター化してみます．

```
> (res.hc <- hclust ( res.dist, "ward"))   # クラスター化する

Call:
hclust(d = res.dist, method = "ward")

Cluster method   : ward
Distance         : euclidean
Number of objects: 8
> plot(res.hc)
```

この結果からプロットすると図 8.5 が作成されます．左に漱石の作品が，また右に鴎外の作品がまとまっていることがわかります．

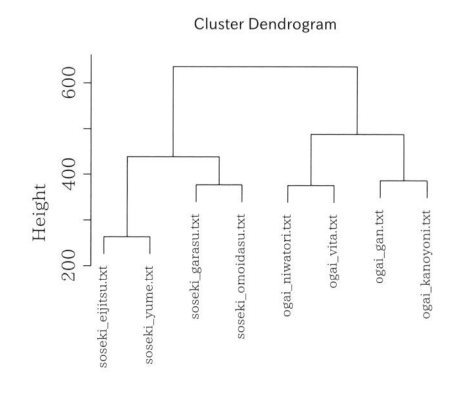

Cluster Dendrogram

res.dist
hclust (*, "ward")

図 8.5　森鴎外と夏目漱石のクラスター化

この図を**デンドログラム**といい，階層的クラスター分析の結果を報告する際にはしばしば掲載されます．階層的クラスター分析では，末端（下）から類似する個体のペアを最初のクラスターとし，こうして作成されたペア同士（あるいはペアと単一の個体）をさらに統合して，より大きなクラスターを生成することを，すべての個体を含むクラスターが作成されるまで続けます．デンドログラムでは上に進むにつれてクラスターが統合されていきます．

またデンドログラムの左にある数値を**コーフェン距離**といいます．これは hclust() 関数で指定したメソッドによって計算されます．具体的な値は

cophenetic() 関数で確認できます．

　クラスター分析では，距離およびクラスター化の手法を変えると，結果がガラリと変わることがよくあります．その意味では，客観的な分析手法というよりは，データの性質を検討する参考程度に考えたほうがよいでしょう．特に大規模なデータでは，個々のデータについて数値を目で比較しながら検討するのも不可能な話ですので，クラスター分析を取り入れることで，データの傾向などを確認するには役立つでしょう．

付録

A.1 Rstudio によるレポート作成

ここでデータ解析をはなれRStudioの便利な機能を紹介しましょう．

まずデータ解析とグラフィックス作成，そしてレポートを一括してhtmlに変換し，さらに http://www.rpubs.com という無料の共有サイトにアップロードする方法を紹介します．といっても，それほど面倒な作業ではありません．9ページの手順で，新規プロジェクトを作成してください．

ここではPublishTestというプロジェクト名にしました．次に「File」「New」から「R Markdown」を選びます．

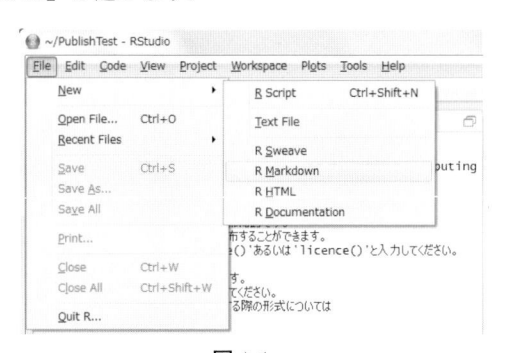

図 A.1

これは**マークダウン**という特殊な記法を使ったファイルを新規に作成するための準備です．デフォルトで雛形が書きこまれていると思いますので，ひと通り眺めてみてください．マークダウン形式のファイルに，解析やプロット作成のためのプログラミング部分と，解説などのレポート部分をまとめて併記します．このファイルには .Rmd という拡張子を付けることになってい

A.1 Rstudio によるレポート作成

ますが，このファイルをRStudioで処理すると，解析の出力やプロットを適切に表示するhtmlファイルを生成してくれます．また作成したhtmlは，http://www.rpubs.com に公開することができます．htmlをRで生成する手段として，RStudioでは**knitr**パッケージを利用しています．まずは**knitr**パッケージを14ページの方法でインストールしておきましょう．

新規に作成されたファイルの中身をざっと確認できたら，Ctrl+Aで全範囲を指定して，BackSpaceで削除します．代わりに，メニューバーにある「MD」というアイコンを押してみましょう．「Help」に簡単なリファランス書式が表示されます．たとえば半角イコール記号ハイフンを並べた

============

の上に書いた文字列は見出し語として扱われ，地の文字よりもかなり大きく表示されます．htmlのタグでは <H1></H1> に対応します．逆にいうと，この箇所のマークダウン記法は<H1>**テキスト**</H1> という書式に変換されるのです．ヘルプを参考に，簡単なRmdファイルを作成してみましょう．

```
RMeCab パッケージとは
========================================================
RMeCab は日本語形態素解析である MeCab と R を接続するインターフェイスです．
RMeCab は以下からダウンロードすることができます．

http://rmecab.jp/wiki/index.php?RMeCab

RMeCab を試す
-------------------------

```{r loadLibrary}
# RMeCab を利用する準備
library (RMeCab)
```

文字を単位とした Ngram(bigram) を生成
```{r Ngram}
# 鴎外と漱石それぞれ4作品を含むフォルダを指定
res <- docNgram ("D:/fromC/data/writers", type = 0) # writers はフォルダ名
```
```

```
res2 <- res[ rownames(res) %in% c("[と-、]", "[て-、]",
                                  "[は-、]", "[が-、]",
                                  "[で-、]", "[に-、]",
                                  "[ら-、]", "[も-、]"), ]
res2
res2.pc <- princomp (t (res2))
```

主成分分析によるバイプロット

```{r plot}
biplot (res2.pc)
```

入力が終わったら,ファイル名を publishTest.Rmd として保存します.なお上記のコードはサポートサイトからダウンロードできます.入力がすんだら,ファイルパネルの上に並んでいるアイコンのうち「Knit HTML」を押してみましょう.

RMeCab パッケージがインストールされ,鴎外と漱石それぞれ 4 つのテキストが保存されているフォルダが正しく指定されていれば,図 A.2 のウィンドウが現れます.

また RStudio の右下のファイル・パネルを確認すると,publishTest.html ファイルと figures というフォルダが追加されていることがわかるでしょう.

このように作成された html と figures フォルダは,WEB サイトに公開することができます.実は RStudio プロジェクトでは http://www.rpubs.com という共有サイトのサービスが提供されており,ボタンを押すだけでアップロードすることができます.図 A.2 の上に「Publish」というボタンがあります.このボタンを押すだけで http://www.rpubs.com の自分のアカウントにファイルがアップロードされ,直ちに公開されるのです.

さっそく押してみてください.図 A.3 のウィンドウが表示されますので「Publish」を押します.ブラウザが起動して http://www.rpubs.com にアクセスします.図 A.4 の画面で,「Create an account」を押してアカウントを作成しましょう(すでにアカウントがある場合はログインします).

入力したら「Regsiter Now」を押し,続くダイアログで適当な解説を入力

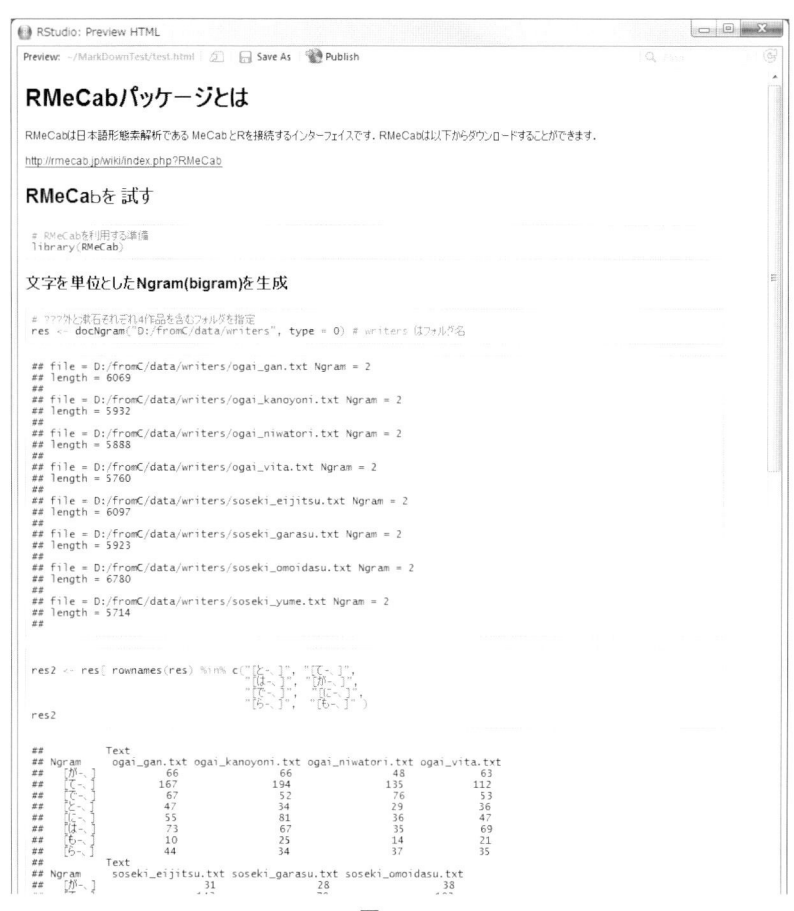

図 A.2

します．最終的に図 A.5 に移行します．

アドレスは http://www.rpubs.com/ishida/461 と一意であり，世界中のどこからでも表示させることができます[1]．

RPubs について詳細は http://www.rpubs.com/about/getting-started

---

[1] なおアップロードがエラーなどで止まる場合は，ホームフォルダの .Rprofile に options(rpubs.upload.method = "internal") の 1 行があるかどうか確認してください．）

図 A.3

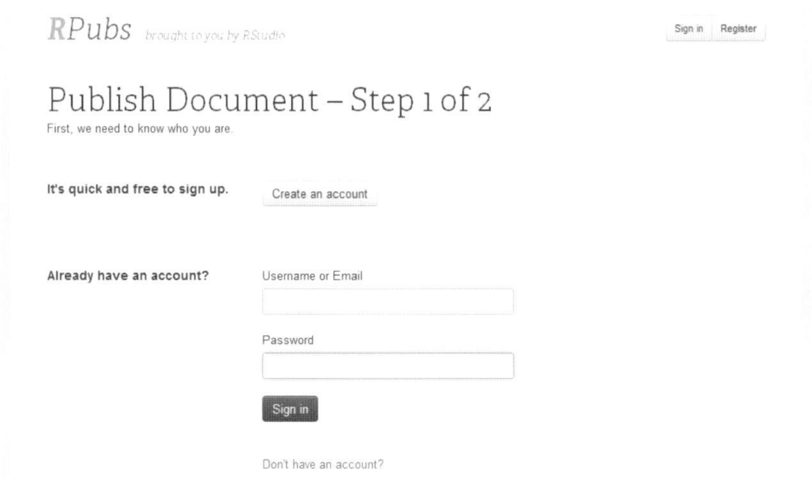

図 A.4

を，また RStudio でマークダウンを使う方法については http://www.rstudio.org/docs/authoring/using_markdown などを参照してください．

A.2　Git によるプロジェクト管理

　データ解析をグループの共同作業として行いたいことがあります．この場合，データやスクリプトを共有する必要があります．しかしながら，変更を加えるたびにメールで添付，あるいは USB などのメディアを使ってファイルを交換するのは面倒です．ソフトウェアの開発などでは，SVN や Git とい

図 A.5

うプロジェクト（バージョン）管理ソフトが広く使われています．RStudio には，プロジェクトを Git で管理する機能があります．この使い方を簡単に説明しましょう．

Git ではサーバーにファイルの管理場所（リポジトリ）を用意します．ここではフリーのファイル管理 SNS である Github を利用します．http://github.com/ にアクセスして，アカウントを用意してください．無料のプランで十分です．ログイン後「ダッシュボード」で「新しいリポジトリ」ボタンをクリックします．ここでは前節で作成した PublishTest を登録することにしますので，同じ名前のレポジトリを作成してください（なお RStudio は閉じておいてください）．基本的には一番上にある「Repository name」を入力するだけで構いません．

作成すると，ユーザーが次に行う手順を示したウィンドウが表示されますので，このまま閉じないでおくか，内容をコピーしておくとよいでしょう．

次にパソコンに Git 管理のためのソフトウェアをインストールします．ここでは Windows で利用されることの多い msysgit というソフトをインストールします．http://code.google.com/p/msysgit/ の Downloads タブか

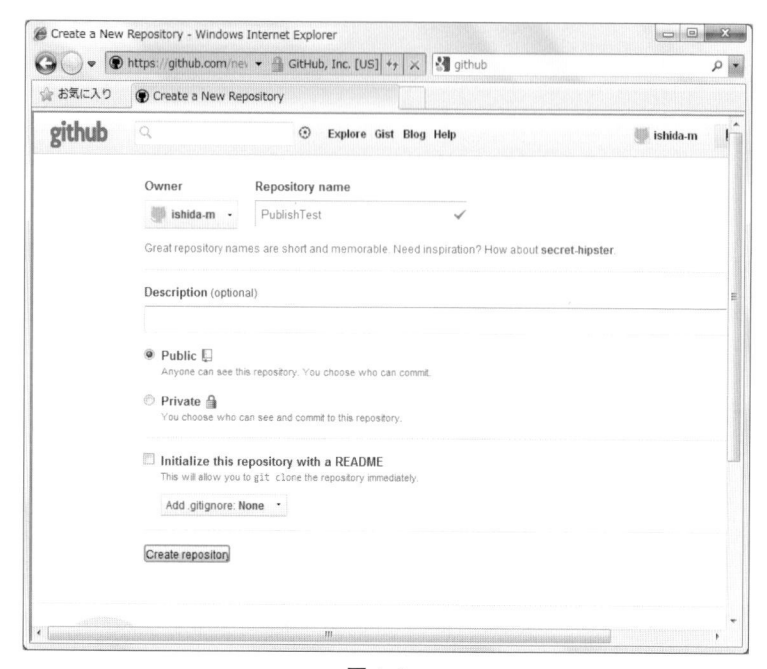

図 A.6

ら，Git-1.7.10-preview20120409.exe のような実行形式のファイルをダウンロードします．ダブルクリックしてインストールします．基本的にはデフォルトのまま「next」を押していきますが，途中，図 A.7 の選択肢があります．これはファイルの改行方式を，Unix サーバで一般的な改行方式に変更するオプションです．デフォルトでは変更が行われますが，一番下の「Checkout as-is,commit as-is」を選ぶと変更は行われません．変更しても特にトラブルはないでしょうが，ファイルの送信時などに，変更した旨を知らせる警告が頻繁に表示されることになります．

完了するとデスクトップに「Git Bash」というアイコンがありますので，起動します．まず Github とのやり取りで必要となる鍵を生成します．起動画面で 図 A.8 にあるように ssh-keygen -t rsa -C "メールアドレス" と入力します．

途中で鍵に使うパスワードを尋ねられますので，確認を含め 2 回入力します．

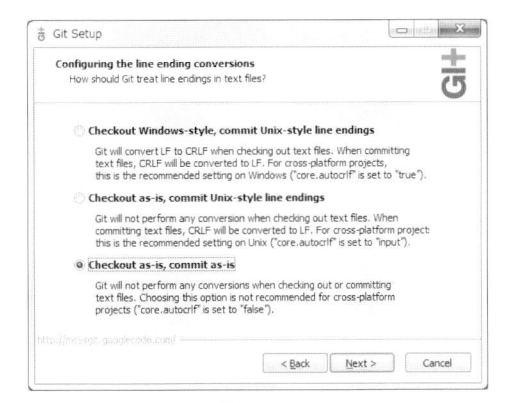

A.2 Git によるプロジェクト管理　267

図 A.7

図 A.8

するとユーザーのフォルダ（Git Bash の画面で pwd を入力して実行すると表示されます）に .ssh というフォルダが生成され[2]，ここに id_rsa と id_rsa.pub の2つのファイルが作成されています．前者は秘密鍵，後者は公開鍵といわれるものです．Github にログインして公開鍵を登録します．右上のスパナとドライバがデザインされたボタン (Account Settings) を押して，左の「SSH Keys」をクリックし，「Add SSH Key」を選びます．Windows 付属のメモ帳などでファイル形式を「すべてのファイル」に変えて，id_rsa.pub を選択します．ファイルの内容をすべて範囲指定してコピーし，これを Github の画面にペーストして「Add key」を押します．

---

[2] 隠しフォルダなのでデフォルトの設定だと表示されません．「コントロールパネル」「デスクトップのカスタマイズ」「フォルダーオプション」の「表示」タブで，「隠しファイル，隠しフォルダー，隠しドライブを表示する」にチェックを入れます．ついでに「登録されている拡張子は表示しない」のチェックは外しておくとよいでしょう．

268　付録

　再び Git Bash に戻り，前節で作成したプロジェクトのあるフォルダへ移動します．筆者の場合，C:/Users/ishida/Documents/PublishTest でしたので，以下のようにして移動します．

```
cd C:/Users/ishida/Documents/PublishTest
```

　ユーザーのパソコンに保存しているプロジェクトを，Github サーバー上のレポジトリに登録します．Git Bash で以下のように実行していきます．まずユーザー名を登録し，つづいてフォルダの初期化，既存のファイルの登録，変更の設定，サーバーとの接続，最後にファイルの反映を行なっています．やや面倒な手続きですが，これはプロジェクトをレポジトリに初めて登録するのに必要な手順です．

```
git config --global user.name "Motohiro ISHIDA"
git config --global user.email ishida-m@ias.tokushima-u.ac.jp
git init
git add .
git commit -m 'first commit'
git remote add origin https://github.com/ishida-m/PublishTest.git
git push -u origin master
```

　ユーザー名とパスワードを尋ねられますが，Github に登録したとおりに入力します．以上の手順が終わったら，RStudio を起動します．ここで前節で作成した publishTest.Rmd に変更を加えます．たとえば作成した Github の URL を記入して保存します．

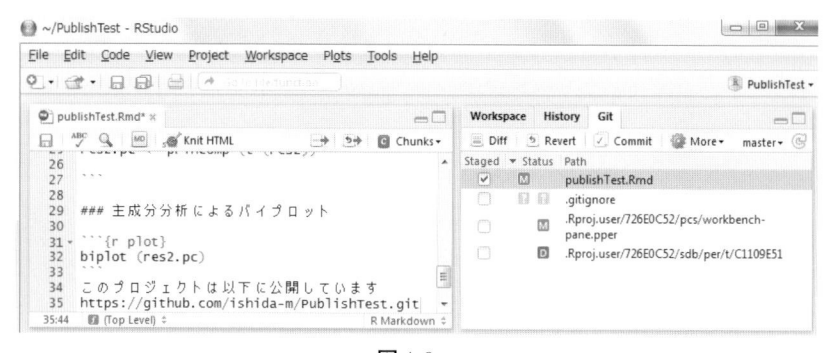

図 A.9

A.2 Git によるプロジェクト管理　269

すると右上のワークスペース・パネルの Git というタブで publishTest.Rmd が青い M のラベル付きで表示されます．これはファイルが変更されたこと (modified) を意味します．左の Staged にチェックを入れて「Commit」を押します．新しいウィンドウが表示されますので，右の「Comment Message」に変更点などのメモを書いて，右下の「Commit」を押します．変更を登録したというウィンドウが新規に現れますが，これは閉じてしまって，先のウィンドウ右上の「Push」を押します．

ユーザー名やパスワードを尋ねられた場合は Github で登録したとおりに入力します．Git への Push に成功すれば，その旨を表示した簡単なダイアログが表示されます．

ここで Github のサイトで自分のアカウントにアクセスして，PublishTest レポジトリを表示させてみましょう．publishTest.Rmd の状態をみると，URL の追記が反映されていることがわかるでしょう．

さて，それでは逆を行なってみます．あなたが Github に公開したプロジェクトを，別のユーザーが自身の PC の RStudio に取り込みたいとします．このユーザーはすでに Github に自身のアカウントを持っており，また msysgit をインストールしており，自身の鍵を Github に登録しているとします．RStudio を起動して，右上のプロジェクトをクリックし「New Project」を選択しますが，次のダイアログで「Version Control」を選びます．続いて「Git」を選択します．

図 A.10

一番上の「Repository URL:」に，Github で管理されているレポジトリの URL を入力します．下の2つは（同名のフォルダがなければ）デフォルトで設定されるままでよいでしょう．

「Create Project」を押すと，指定された URL からレポジトリがダウンロー

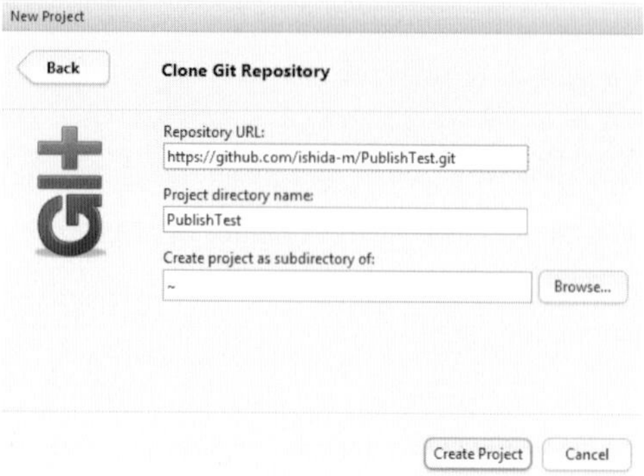

図 A.11

ドされるでしょう[3]．

ファイルに修正を加えたら commit し，そして push するという作業を繰り返します．本格的に利用される場合は，Git の基本操作について情報を収集されることをお勧めします．

なお，本書記載のコードおよびデータを Github に公開しています (https://github.com/ishida-m/FirstProject01)．ただし登録されているファイルはすべて Shift-JIS 形式ですので，Mac で利用される場合は，文字コードを変換する必要があります．詳細は README.txt を確認してください．

---

[3] なおファイルを開くと文字化けしていることがあるかもしれません．その場合，26 ページの手順で適切な文字コード（Windows であれば CP932）を選んで設定し直します．

参考文献

Faraway, Julian J. (2005) *Extending the Linear Model with R*, Texts in Statistical Science: Chapman & Hall/CRC.
Murrell, Paul (2009) 久保拓弥 訳『R グラフィックス—R で思いどおりのグラフを作図するために』, 共立出版.
青木繁伸 (2009)『R による統計解析』, オーム社.
秋光淳生 (2012)『データからの知識発見』, 放送大学教育振興会.
石田基広 (2008)『R によるテキストマイニング入門』, 森北出版.
石田基広 (2012)『R 言語逆引きハンドブック』, シーアンドアール研究所.
H. ウィッカム (2011) 石田基広, 石田和枝 訳『グラフィックスのための R プログラミング』, 丸善出版.
B. エヴェリット (2007) 石田基広, 石田和枝, 掛井秀一訳『R と S-PLUS による多変量解析』, 丸善出版.
北研二・津田和彦・獅々堀正幹 (2002)『情報検索アルゴリズム』, 共立出版.
金明哲 (2007)『R によるデータサイエンス』, 森北出版.
佐々木昌・新田吉彦 (2003)『正規表現とテキスト・マイニング』, 明石書店
D. ショーカー (2009) 石田基広, 石田和枝 訳『R グラフィックス自由自在』, 丸善出版.
P. スペクター (2008) 石田基広, 石田和枝 訳『R データ自由自在』, 丸善出版.
中澤港 (2003)『R による統計解析の基礎』, ピアソン エデュケーション.
村上征勝・金明哲・永田昌明・大津起夫・山西健司 (2003)『言葉と心理の統計』, 岩波書店.
U. リゲス (2006) 石田基広 訳『R の基礎とプログラミング技法』, 丸善出版.

索 引

関数
abline(), 224
addmargins(), 205
aes(), 121, 127
aggregate(), 159, 160
animation(), 177
aov(), 212, 214–216
apply(), 69–72, 247
as.data.frame(), 90
as.factor(), 39
as.matrix(), 79

barchart(), 124
barplot(), 37, 123–125, 149
biplot(), 237, 242, 243, 248, 254
bmp(), 120, 140
boxplot(), 131–133, 153

c(), 20, 21, 29, 36, 45, 86, 118, 149, 153, 162
cat(), 54
ceiling(), 130
charToRaw(), 27, 74
checkbox(), 113
chisq.test(), 203, 206
choose(), 166
class(), 74, 75
colMeans(), 69
colnames(), 123

colors(), 137
cophenetic(), 258
cor(), 232
corresp(), 252, 253
curve(), 181

data.frame(), 43
dbinom(), 166–169
dev.off(), 120
dice(), 68
dist(), 255
dnorm(), 172, 209
docDF(), 102–104
docNgram(), 256

eigen(), 241

facatanal(), 249, 250
factanal(), 245, 246
file(), 90
file.show(), 197
for(), 56, 57
function(), 70, 76

geo_bar(), 127
geom_point(), 121
getAnywhere(), 74
getOption(), 83
getS3method(), 74

getwd(), 3–5, 197
ggplot(), 121, 122, 134
ggplot2(), 127
grep(), 91, 100
gsub(), 93

hclust(), 257, 258
head(), 42, 90, 91, 104
help.search(), 32
hist(), 128, 129

identify(), 116
if(), 51–53, 67
ifelse(), 53, 54
interaction.plot(), 217
is.data.frame(), 50
is.list(), 50
is.vector(), 50

jpeg(), 120, 140

lapply(), 72
lappy(), 71
lattice(), 127
legend(), 118, 181
length(), 87, 151
levels(), 118
library(), 101, 234
lines(), 138
lm(), 49, 73, 222, 223
locator(), 116–118
log2(), 130
ls(), 63

manipulate(), 111, 113
mapply(), 72
matrix(), 45, 203
mean(), 31, 159
melt(), 126

names(), 30
nchar(), 77, 87
nclass.Sturges(), 129
ncol(), 44, 123
new(), 76, 78
nrow(), 44, 123
numeric(), 59

options(), 82, 83
order(), 95–97, 104
outer(), 80–82, 85, 86

paste(), 39, 81, 82, 84, 85, 87
pchisq(), 207, 208
pdf(), 120, 140, 142
pf(), 214
picker(), 113
pickers(), 111
plot(), 32, 73, 106, 107, 111, 113–115, 119, 122, 135, 136, 168
plot.lm(), 74
png(), 120, 140
pnorm(), 172, 208, 209
postsctipt(), 120
prcomp(), 237, 241–243
predict(), 226
print(), 51, 52, 54, 73, 74, 76, 122

qchisq(), 208
qnorm(), 172, 208, 209
qplot(), 121
qt(), 182

rainbow(), 137
read.csv(), 195, 198, 237
read.table(), 198
readLines(), 90
rep(), 31, 109, 149
RMeCab(), 101

RMeCabC(), 102
rowMeans(), 69
rownames(), 123
runif(), 59

sample(), 34–36, 58, 59, 64, 65,
 86, 87, 161–163
sapply(), 71, 72
sd(), 157
seq(), 31, 32, 34
set.seed(), 58, 59
setClass(), 75
setMethod(), 76
setValidity(), 77
setwd(), 5
show(), 76, 78
slider(), 113
slot(), 77
sort(), 95
split(), 92
steAIC(), 232
step(), 232
stepAIC(), 234
stop(), 67
stopifnot(), 67
str(), 40, 44
strsplit(), 39, 88, 89, 92
sum(), 31, 41, 42, 56, 94, 151, 163
summary(), 43, 159, 212, 215, 223,
 235, 242
switch(), 54

t(), 46, 79, 124, 256
t.test(), 187, 193
table(), 37, 89, 149
tail(), 91
tapply(), 72, 160
text(), 110, 116, 181
tiff(), 140
title(), 124

tolower(), 88, 97
toupper(), 88
transform(), 115
TukeyHSD(), 216

unlist(), 89, 102
unstack(), 213

vapply(), 72
var(), 155
View(), 195

which(), 42, 99
while(), 57
with(), 217, 218
write.csv(), 197, 198

xyplot(), 119

パッケージ
 animation, 106, 163, 224

 base, 34

 ggplot2, 106, 113, 119, 121, 125–
  128, 134

 knitr, 261

 lattice, 106, 113, 119, 120, 122,
  124, 128, 134

 manipulate, 106, 111
 MASS, 232–234, 252

 psych, 250

 reshape, 126
 rgl, 15–17
 RMeCab, 100–102, 255

索　引　275

Snowball, 98
stats, 232

XLConnect, 194
xlsReasWrite, 194

用語
　2値データ, 149

　AIC, 232

　iris, 158

　p値, 188

　R
　　―のインストール, 1
　　―のオプション指定, 82
　　―の作業スペース, 3
　　―のヘルプ表示, 34
　　―の履歴, 35
　RStudio
　　―でのヘルプ表示, 31, 32
　　―のインストール, 7
　　―の関数抽出機能, 64
　　―のコードツール, 64
　　―のコード補完, 33
　　―のパネル構成, 9
　　―のプロジェクト, 9

　因子, 39, 44, 212
　因子得点, 244
　因子負荷量, 244
　因子分析, 243

　演算子, 19

　オブジェクト, 21
　オブジェクト指向, 22, 72

回帰分析, 219
　重―, 228
カイ自乗値, 203
回転
　斜交―, 249
　直交―, 249
　バリマックス―, 249
確率密度, 170, 208
　―関数, 168
仮説
　帰無―, 185, 202
　対立―, 185, 202
型, 22
環境, 63
関数, 21, 30, 61
　総称―, 73
　無名―, 70

期待値, 60
行列, 45
行列積, 79
寄与率, 239, 253

区間推定, 180
　比率の―, 183
組み合わせ, 166
クラス, 72
　S3―, 74
　S4―, 75
クラスター分析, 255
　階層的―, 255
グラフィックス関数
　高水準―, 108, 113
　低水準―, 110, 116
繰り返し, 55

形態素解析, 100
決定係数, 224
　自由度調整済み―, 224
検定

1 標本の平均値の—, 186
2 標本の平均値の—, 186
ウェルチの—, 190
カイ自乗—, 203
仮説—, 184
片側—, 190, 192
—統計量, 185
等分散性の—, 190
独立性の—, 203
マクネマー—, 209
両側—, 190, 192

交互作用, 217
誤差, 171
コード, 19
コーフェン距離, 258
固有値, 240
固有ベクトル, 240
コレスポンデンス分析, 250

最小自乗（二乗）法, 222
最頻値, 151
作業スペース, 63
残差, 223
散布図, 114

式, 19
次元圧縮, 239
事象, 161
四分位点
　　第 1—, 131
　　第 3—, 131
四分位範囲, 132, 154
尺度
　　間隔—, 147
　　順序—, 148
　　比例—, 147
　　名義—, 147, 199, 250
自由度, 155, 207, 214
主成分得点, 242

主成分負荷量, 243
主成分分析, 236
条件文, 51
信頼区間, 133, 180

水準, 148, 212
水準ごとの平均, 158
スタージェスの公式, 129
スロット, 75

正規表現, 92
正準相関係数, 253

相関, 196, 220
相関係数, 220
添字, 25, 28

第 1 種の過誤, 186
第 2 種の過誤, 186
対応分析, 250
対数, 130
大数の法則, 60
タイプ, 94

中央値, 131, 150
中心極限定理, 177

定数, 38
テキストマイニング, 105
データ型, 37
データ構造, 37
データフレーム, 42
デバイス, 142
転置, 46, 79
デンドログラム, 258

統計量, 150
　　基本—, 133
　　検定—, 185
トークン, 94

索　引　277

ノッチ, 133

バイグラム, 256
バイプロット, 254
配列, 47
バグ, 68
箱ヒゲ図, 131
外れ値, 134, 152
パラメータ, 209
凡例, 118

引数
　　仮—, 62
　　実—, 62
　　デフォルト—, 66
ヒゲ, 132
ヒストグラム, 128, 150, 158
標準偏差, 157, 171
標本, 175
　　—誤差, 177
　　—平均, 174
ビン, 129
頻度, 148

フィールド, 75
フォント, 124
分位点, 172
分散, 154, 171
　　不偏—, 156
分散分析, 211
分布
　　F—, 214
　　t—, 180
　　カイ自乗—, 203, 204
　　確率—, 145, 161, 168
　　正規—, 171
　　データの—, 158
　　二項—, 166

平均値, 60, 151

平方和
　　水準間—, 213
　　水準内—, 213
　　全体—, 213
ベクトル, 20, 68
ベルヌーイ試行, 165
変数, 21, 146
　　確率—, 166, 173
　　説明—, 223
　　目的—, 223
変量, 146

棒グラフ, 122
母集団, 175
　　—平均, 174

マークダウン, 260

メソッド, 73
メタ文字, 93

文字クラス, 93
文字処理, 87
モデル式, 196, 212, 223
モデル選択, 219, 232
モード⇒最頻値

有意水準, 185

要因, 212

乱数, 59
　　—のタネ, 59

リサイクル, 46, 109
離散値, 169
離散値データ, 149
リスト, 48

ループ⇒繰り返し

レイヤー, 127
連続量, 169
連続量データ, 149

論理値, 40

〈著者紹介〉

石田 基広（いしだ もとひろ）

1989 年　東京都立大学大学院博士課程中退
現　在　徳島大学大学院ソシオ・アーツ・アンド・サイエンス研究部 教授
専　攻　計量言語学
著　書　『R によるテキストマイニング入門』（森北出版，2008）他

R で学ぶデータ・プログラミング入門	著　者　石田基広　©2012
―RStudio を活用する―	発行者　南　條　光　章
R Data Programming with RStudio	発行所　共立出版株式会社
	東京都文京区小日向 4 丁目 6 番 19 号
2012 年 10 月 25 日　初版 1 刷発行	電話 (03) 3947-2511（代表）
	郵便番号 112-8700
	振替口座 00110-2-57035 番
	URL http://www.kyoritsu-pub.co.jp/
	印　刷　加藤文明社
	製　本　中條製本
検印廃止	社団法人
NDC 417, 007.64	自然科学書協会
	会員
ISBN 978-4-320-11029-8	Printed in Japan

JCOPY ＜(社)出版者著作権管理機構委託出版物＞
本書の無断複写は著作権法上での例外を除き禁じられています．複写される場合は，そのつど事前に，(社)出版者著作権管理機構（電話 03-3513-6969，FAX 03-3513-6979，e-mail: info@jcopy.or.jp）の許諾を得てください．

Rで学ぶデータサイエンス

金 明哲 [編集] ／全20巻

本シリーズは「R」を用いたさまざまなデータ解析の理論と実践的手法を，読者の視点に立って「データを解析するときはどうするのか？」「その結果はどうなるか？」「結果からどのような情報が導き出されるのか？」を分かり易く解説。【各巻：B5判・並製】

❶ カテゴリカルデータ解析
藤井良宜著　カテゴリカルデータの取り扱い／カテゴリカルデータの集計とグラフ表示／比率に関する分析／2元分割表の解析他 192頁・定価3465円

❷ 多次元データ解析法
中村永友著　統計学の基礎／Rの基礎／線形回帰モデル／判別分析／ロジスティック回帰モデル／主成分分析法他‥‥‥‥‥264頁・定価3675円

❸ ベイズ統計データ解析
姜 興起著　Rによるファイルの操作とデータの視覚化／ベイズ統計解析の基礎／線形回帰モデルに関するベイズ推測他‥‥‥248頁・定価3675円

❹ ブートストラップ入門
汪 金芳・桜井裕仁著　Rによるデータ解析の基礎／ブートストラップ法の概説／推定量の精度のブートストラップ推定他‥‥‥248頁・定価3675円

❺ パターン認識
金森敬文・竹之内高志・村田 昇著　判別能力の評価／k-平均法／階層的クラスタリング／混合正規分布モデル／判別分析他‥‥288頁・定価3885円

❻ マシンラーニング
辻谷將明・竹澤邦夫著　序論／重回帰／ノンパラトリック回帰／Fisherの判別分析／一般化加法モデル（GAM）による判別他‥‥244頁・定価3675円

❼ 地理空間データ分析
谷村 晋著　地理空間データ／地理空間データの可視化／地理空間分布パターン／ネットワーク分析／地理空間相関分析他‥‥‥258頁・定価3885円

❽ ネットワーク分析
鈴木 努著　ネットワークデータの入力／最短距離／ネットワーク構造の諸指標／中心性／ネットワーク構造の分析他‥‥‥‥192頁・定価3465円

❾ 樹木構造接近法
下川敏雄・杉本知之・後藤昌司著　序：樹木構造接近法の系譜／分類回帰樹木法（Rパッケージ：rpart, party, partykit）他‥‥‥‥続　刊

❿ 一般化線形モデル
粕谷英一著　一般化線形モデルとその構成要素／最尤法と一般化線形モデル／離散的データと過分散／擬似尤度／交互作用他‥‥222頁・定価3675円

⓫ デジタル画像処理
勝木健雄・蓬来祐一郎著　デジタル画像の基礎／幾何学的変換／色，明るさ，コントラスト／空間フィルタ／周波数フィルタ他 258頁・定価3885円

⓬ 統計データの視覚化
山本義郎・飯塚誠也・藤野友和著　Rでの基本的なグラフの作成／グラフの装飾と組み合わせ／インタラクティブグラフ他‥‥‥‥続　刊

⓭ マーケティング・モデル
里村卓也著　マーケティング・モデルとは／R入門／確率・統計とマーケティング・モデル／市場反応の分析と普及の予測他‥‥180頁・定価3465円

⓮ 計量政治分析
飯田 健著　統計的推論：政党支持におけるジェンダーギャップ／最小二乗法による回帰分析：政府のパフォーマンスの決定要因他‥‥‥続　刊

⓯ 経済データ分析
野田英雄・姜 興起・金 明哲著　統計学の基礎／国民経済計算／Rに基本操作／時系列データ分析／産業連関分析／回帰分析他‥‥‥続　刊

⓰ 金融時系列
中川 満著　初歩のR／線形時系列モデル／ヴォラティリティモデル／極値分布とValue at Risk／多変量時系列モデル他‥‥‥‥‥続　刊

⓱ 社会調査データ解析
鄭 躍軍・金 明哲著　R言語の基礎／社会調査データの特徴／標本抽出の基本方法／社会調査データの構造／調査データの加工他 288頁・定価3885円

⓲ 生物資源解析
北門利英著　確率的現象の記述法／統計的推測の基礎／生物学的パラメータの統計的推定／生物学的パラメータの統計的検定他‥‥‥続　刊

⓳ 経営と信用リスクのデータ科学
董 彦文著　経営分析の概要／経営実態の把握方法／経営指標の予測／経営指標間の因果関係分析／企業・部門の差異評価他‥‥‥‥続　刊

⓴ シミュレーションで理解する回帰分析
竹澤邦夫著　線形代数／分布と検定／単回帰／重回帰／赤池の情報量基準（AIC）と第三の分散／線形混合モデル／他‥‥‥240頁・定価3675円

http://www.kyoritsu-pub.co.jp/　　共立出版　　定価税込（価格は変更される場合がございます）